鸟博士的
疯狂物理课

周知乐 著

机械工业出版社
CHINA MACHINE PRESS

这是一本专门为 10~15 岁青少年创作的趣味物理科普图书。书中涉及一系列与物理知识密切相关的有趣问题，如"外星人真的存在吗""如何进行时间旅行"等，三只性格鲜明的"物理鸟"——阿尔伯特、费里斯和芬力，会以青少年喜欢和容易理解的方式，带领他们深入讨论这些问题，探索这些看似好玩的问题背后深刻的物理知识。全书以图文结合的方式呈现，语言风格风趣幽默，能够帮助青少年在轻松的阅读中学习物理知识，领略物理学的独特魅力，并培养他们进一步深入学习物理知识的兴趣和动力。

图书在版编目（CIP）数据

鸟博士的疯狂物理课 / 周知乐著 . -- 北京：机械工业出版社，2025.2. -- ISBN 978-7-111-77629-1

Ⅰ. O4-49

中国国家版本馆 CIP 数据核字第 2025RC4551 号

机械工业出版社（北京市百万庄大街22号　邮政编码100037）
策划编辑：陈　伟　　　　　　责任编辑：陈　伟
责任校对：陈　越　薄萌钰　　责任印制：单爱军
北京瑞禾彩色印刷有限公司印刷
2025年6月第1版第1次印刷
165mm×225mm・17.25印张・184千字
标准书号：ISBN 978-7-111-77629-1
定价：59.80元

电话服务　　　　　　　　　网络服务
客服电话：010-88361066　　机　工　官　网：www.cmpbook.com
　　　　　010-88379833　　机　工　官　博：weibo.com/cmp1952
　　　　　010-68326294　　金　书　网：www.golden-book.com
封底无防伪标均为盗版　　　机工教育服务网：www.cmpedu.com

人物介绍

阿尔伯特博士（Albert Black）是一只大嘴鸟，粒子物理学家。性格高冷，脾气暴躁，"厌蠢症"患者，以毒舌著称。

费里斯博士（Ferris Grey）是非洲灰鹦鹉，引力天文学家。聪明智慧，性格温和，善解人意。

阿尔伯特和费里斯居住在太平洋的小岛上，从事自己感兴趣的物理研究。你只要记住黑色的是阿尔伯特，灰色的是费里斯就可以了。他们会解释和讨论各种物理现象和理论。

芬力（Finley）是一只维多利亚冠鸽，曾是阿尔伯特的同学，喜爱冒险和享受生活。生性天真乐观，对物理学仅一知半解。由于事业失败，无意中来到了阿尔伯特和费里斯居住的小岛。

目 录

人物介绍

01	光年测量的到底是时间还是距离	001
02	为什么你的重量不能用公斤测量	015
03	"蝴蝶效应"与蝴蝶是什么关系	031
04	引力到底是强还是弱	047
05	为什么引力其实不是力	063
06	我们看不到暗物质是因为它太黑了吗	077
07	如何才能看见时空泛起的涟漪	089
08	外星人真的存在吗	103
09	如果你掉到黑洞里会发生什么	117
10	太阳系有可能就是一个原子吗	131

11	宇宙的起源是什么	143
12	宇宙为什么至今还在膨胀	155
13	为什么我们会被困在宇宙的鱼缸中	169
14	你为什么能穿墙而过	183
15	时空传送真的可能吗	195
16	宇宙中最短的长度是什么	207
17	离心力真的存在吗	219
18	恒星为什么有不同的颜色	233
19	如何进行时间旅行	245
20	什么是时间旅行的"祖父悖论"	257

光年测量的到底是时间还是距离

"我用一千光年来想你！"这可以说是科学家最讨厌的网络俚语了。这句话好像在说，光年是用来测量时间的。但是……真的如此吗？光年到底用来测量什么？科学家为什么要创造出"光年"的概念？它在科学中有什么用途？两位鸟博士将会飞到外太空为大家讲解光年的概念，终结有关光年的错误认知。

鸟博士的疯狂物理课

01　光年测量的到底是时间还是距离

鸟博士的疯狂物理课

01　光年测量的到底是时间还是距离

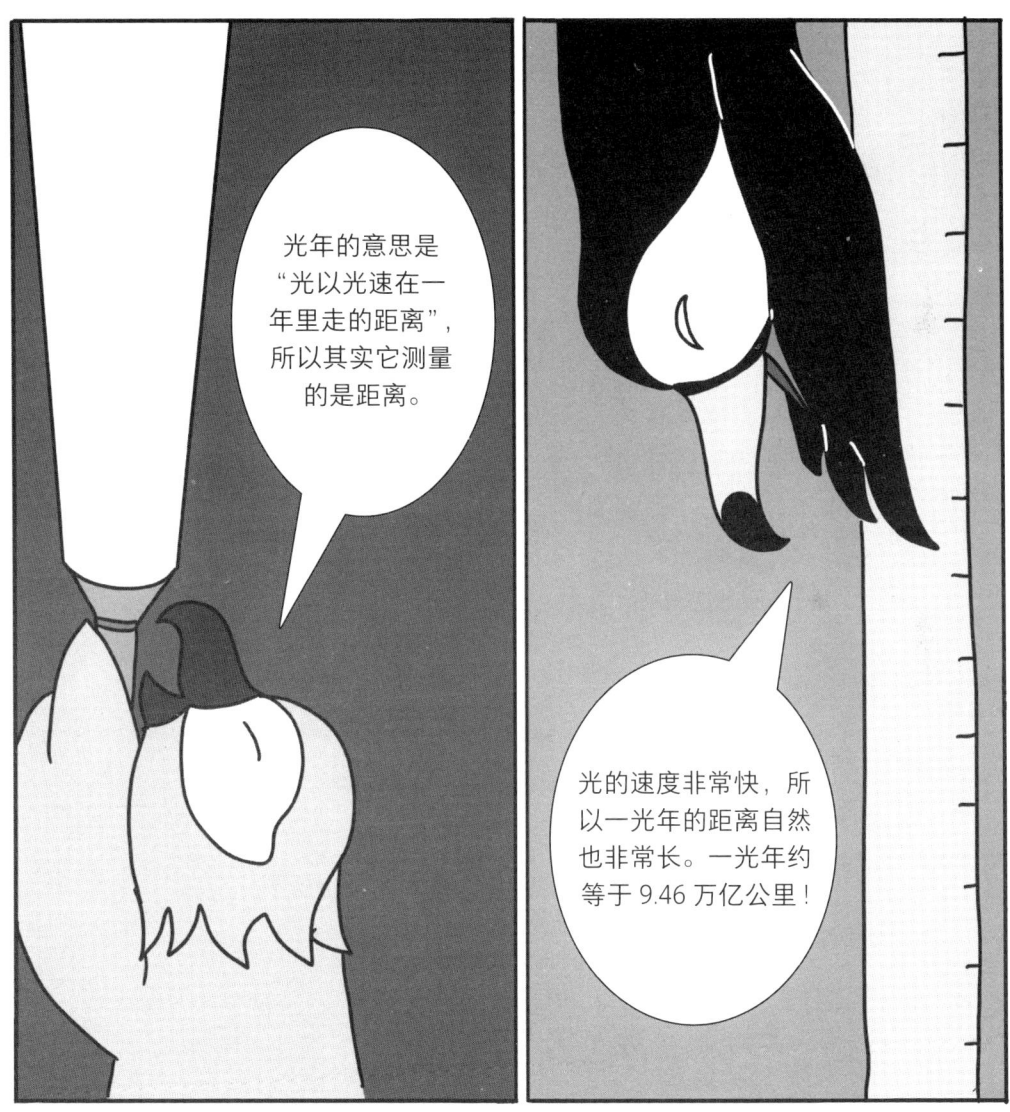

01 光年测量的到底是时间还是距离

01　光年测量的到底是时间还是距离

01 光年测量的到底是时间还是距离

两位鸟博士终于坐着火箭沙发回到了地球。

光年是测量距离的单位

光年是距离的度量

"我用一千光年来想你!"这个经典网络俚语让科学家,尤其是天文学家很恼火。想出这个可笑句子的家伙显然缺乏基本的科学常识。光年是距离的度量,不是时间单位。"光年"指光在一年中行进的距离。由于光速是宇宙中最快的速度,所以一光年是很长的距离。光以每秒约 30 万公里的速度行进;相应地,一光年的长度为 9.46 万亿公里。

光年很长吗

要对一光年的长度有更直观的感受,可以用地球作为参照。从太阳到地球的距离是 8 光分钟,也就是光走 8 分钟的距离,约为 0.000016 光年。对于"微小"的太阳系而言,一光年是很长的。在太阳系附近,距太阳最近的恒星半人马座比邻星距离太阳约 4.22 光年。夜空中最亮的星——天狼星距离我们 8.6 光年。这意味着天狼星发出的光花了 8.6 年才到达我们这里,所以我们现在看到的是天狼星 8.6 年前的模样。你可以说,这是一种通过眼睛进行的时间旅行!

如果继续往外看,我们将看到自己所在的星系——银河系。它的直径约为 10 万光年。这意味着,即使我们以光那么快的速度旅行,从银河系的一端飞到另一端仍然需要 10 万年的时间。

我们继续向外探索,就能找到银河系所在的星系群。这个星系群主要包含两个螺旋星系，银河系和仙女星系。仙女星系距离我们 254 万光年远。你看，现在一光年似乎又太短了，无法很好地测量星系间的距离。但宇宙可不止这么大。2016 年哈勃空间望远镜观测到的距离地球最远的天体是星系 GN-z11（是的，我知道这是一个奇怪的名字），它距离地球 134 亿光年。GN-z11 星系现在可能已经变成了另一个星系，因为我们看到的是它的过去。

千万别把光年当作时间单位

为什么人们经常把光年混淆为度量时间的单位？可能就是因为它被称作"年"。在一个不了解天文学或科学的人面前使用这个词，听起来很酷。但是在理解了光年的本质之后，我们可以更深切地欣赏宇宙的浩瀚和美丽。永远记住，当我们凝望夜空时，我们总是在回顾它的过去。

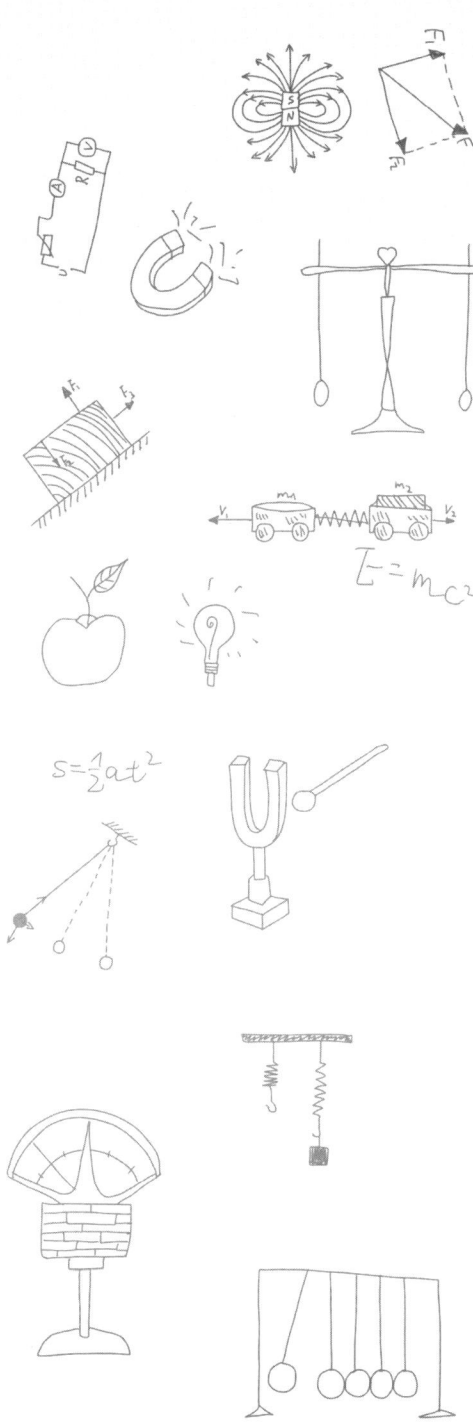

02

为什么你的重量不能用公斤测量

质量和重量的概念经常被人弄混。比如,我们的体重到底指的是我们的质量还是重量?一块石头重5公斤,这究竟是它的质量还是重量?这次,阿尔伯特和费里斯将会讲解这两个概念,而阿尔伯特也将见到一个最令他意想不到的老朋友……

02 为什么你的重量不能用公斤测量

02 为什么你的重量不能用公斤测量

02　为什么你的重量不能用公斤测量

经过几个小时的激烈争吵,芬力终于愿意听阿尔伯特讲话了。

02 为什么你的重量不能用公斤测量

023

02　为什么你的重量不能用公斤测量

02 为什么你的重量不能用公斤测量

质量和重量到底有什么区别

质量和重量是两个不同的概念

体重是幸福和自信的制造者，亦是其毁灭者。每当人们发现自己减重了，总会很开心。不过，你也经常会见到一些愤怒的家伙大喊："体重又涨了！"就像那个浮躁的芬力一样。有些人会大叫："哦，不！我 100 公斤了！"并因为肥胖而哭泣。物理学家肯定会和他们一起哭泣，因为他们又犯了一个典型的错误。你身体的重量不是用公斤来衡量的，你身体的质量才以公斤为单位。现在让我们来搞清楚质量和重量这两个概念之间的差异。

质量和重量的区别

物理教科书中对质量的标准描述是："你含有多少物质"或"惯性的定量测量"。但是，在我们讨论惯性和其他东西之前，我们先来谈谈质量和重量之间的主要区别。也就是说，质量是标量，重量是向量。这意味着质量没有方向，但重量有方向。就像速度和速率之间有区别一样，质量和重量之间的主要区别为：后者与方向有关，而前者与方向无关。现在，让我们引入惯性。惯性是物体速度变化阻力的定量量度。让我们想象一根小树枝和一块大石头。费里斯很容易移动树枝，但很难举起石头。你可能会说，因为石头更重。是的，因为它的质量比树枝大，所以更难改变其当前的运动状态。质量越大的对象改变其运动状态所需的力越大。

重量是重力作用于物体的力

重量是一种力,它与重力密切相关。事实上,它是重力作用于物体的力。一个物体的质量是 10 公斤,它在地球上的重量是它的质量乘以它在地球上因重力而产生的加速度,即 9.8 米/秒^2,结果约为 98 牛。如果你飞到那颗"红色星球"——火星上,用随身携带的秤测量质量为 10 公斤的物体,你会得到什么?它的重量约为 37 牛,大约是它在地球上重量的 38%。因为火星只有约 3.7 米/秒^2 的重力加速度。由此可见,物体的重量与它所处的重力场有关。如果没有任何力拉着你,你就没有任何重量!这是另一种有效的减肥方法。但你的质量仍然不会改变。质量是事物的固有属性。即便对象所在的环境发生变化,它也不会发生变化。

明白了吧!这就是质量和重量之间的差异。下次,要说你身体的质量是 100 公斤,而不是重量,或者,你也可以说体重是 980 牛(假设你在地球上),但这听起来有点奇怪。你可以决定自己说什么,也可以决定是不是从科学的角度去表达。

03

"蝴蝶效应"与蝴蝶是什么关系

你肯定多少听说过蝴蝶效应,毕竟它可是流行文化最喜爱的物理概念之一(如果蝴蝶效应位居第二,那相对论绝对位居第一)。一只蝴蝶在亚马孙森林中拍动翅膀,给太平洋另一边带来了风暴。但是……这似乎有点奇怪,不是吗?蝴蝶扇动微小的翅膀,怎么会让如此之远的大气层发生如此之大的改变?

03 "蝴蝶效应"与蝴蝶是什么关系

03 "蝴蝶效应"与蝴蝶是什么关系

03　"蝴蝶效应"与蝴蝶是什么关系

03 "蝴蝶效应"与蝴蝶是什么关系

例子时间!

03　"蝴蝶效应"与蝴蝶是什么关系

041

03 "蝴蝶效应"与蝴蝶是什么关系

"蝴蝶效应"与混沌理论

你知道"蝴蝶效应"吗

一只蝴蝶在亚马孙森林中拍动翅膀，可以改变半个世界以外的天气。但是……这似乎有点可疑，不是吗？蝴蝶拍动翅膀怎么会让如此之远的大气层发生如此之大的改变呢？这可能是被公众误解最多的物理理论——蝴蝶效应。你和你的朋友，甚至你房间里嗡嗡叫了一个小时的蚊子都可能听说过这个理论。但它到底是什么意思呢？

"蝴蝶效应"和混沌理论

"一只蝴蝶在亚马孙森林中拍动翅膀，可以改变半个世界以外的天气"，这句话似乎是说，一堆相互作用的东西中的一个微小变化，会导致这些东西的运行背离其原本的运行方式。这就是现代物理学中一个奇特而炫酷的分支——混沌理论的中心思想。这听起来有点吓人（当然它的数学算法也很吓人），但混沌理论的基本思想是：某些系统非常敏感，并且依赖于其初始条件；它们的变化是非线性的，初始条件的微小变化会随着时间的推移而放大，从而导致系统实际上无法预测。这就是为什么它被称为混沌理论。系统很混乱！好了，别再提无聊的学术定义了，让我们先看一个例子。

有哪些混沌系统

为什么天气预报很少能准确预报一周后的天气？如果你有此疑问，那么你已经迈出了成为物理学家的第一步（只是开玩笑）。这是因为天气是一个混沌系统。科学家不可能知道所有空气分子在哪里以及它们是如何运动的。这使得天气系统无法被准确预测。液体和气体的运动也是混沌的。空气中烟雾的形状是无法预测的。微观尺度的水流也是混沌的。混沌系统其他的例子还包括双钟摆和三体系统。

整个混沌系统似乎看起来有很大的随意性，但其实并非如此。它只是揭示出，由于系统的初始条件无法被准确观测到，而其运动变化又对初始条件极其敏感，因此系统的发展不可能被成功预测。

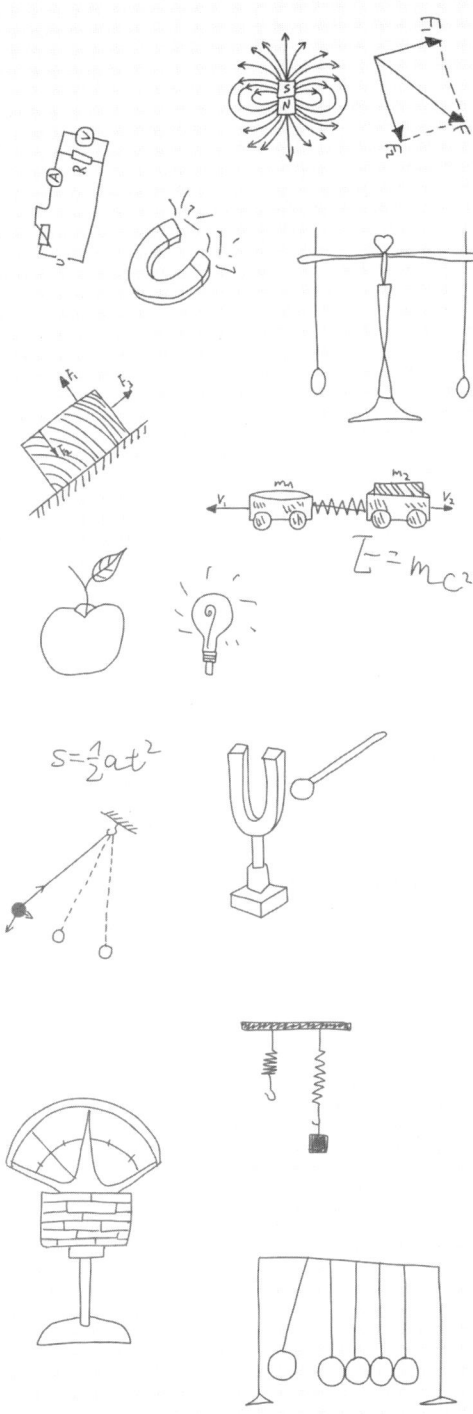

引力到底是强还是弱

我们都知道牛顿被苹果砸中的故事,也知道引力是造成苹果掉下来的原因。当我们想到引力时,我们会想到太阳系、银河系以及构成我们宇宙的众多星系。它吸引着地球上所有的东西,使地球和其他行星一起围绕太阳运行,并使太阳系围绕银河系的中心运动。你可能会想:引力一定非常非常强,才有这么大的力量!但是事实却大相径庭……

04 引力到底是强还是弱

049

04　引力到底是强还是弱

051

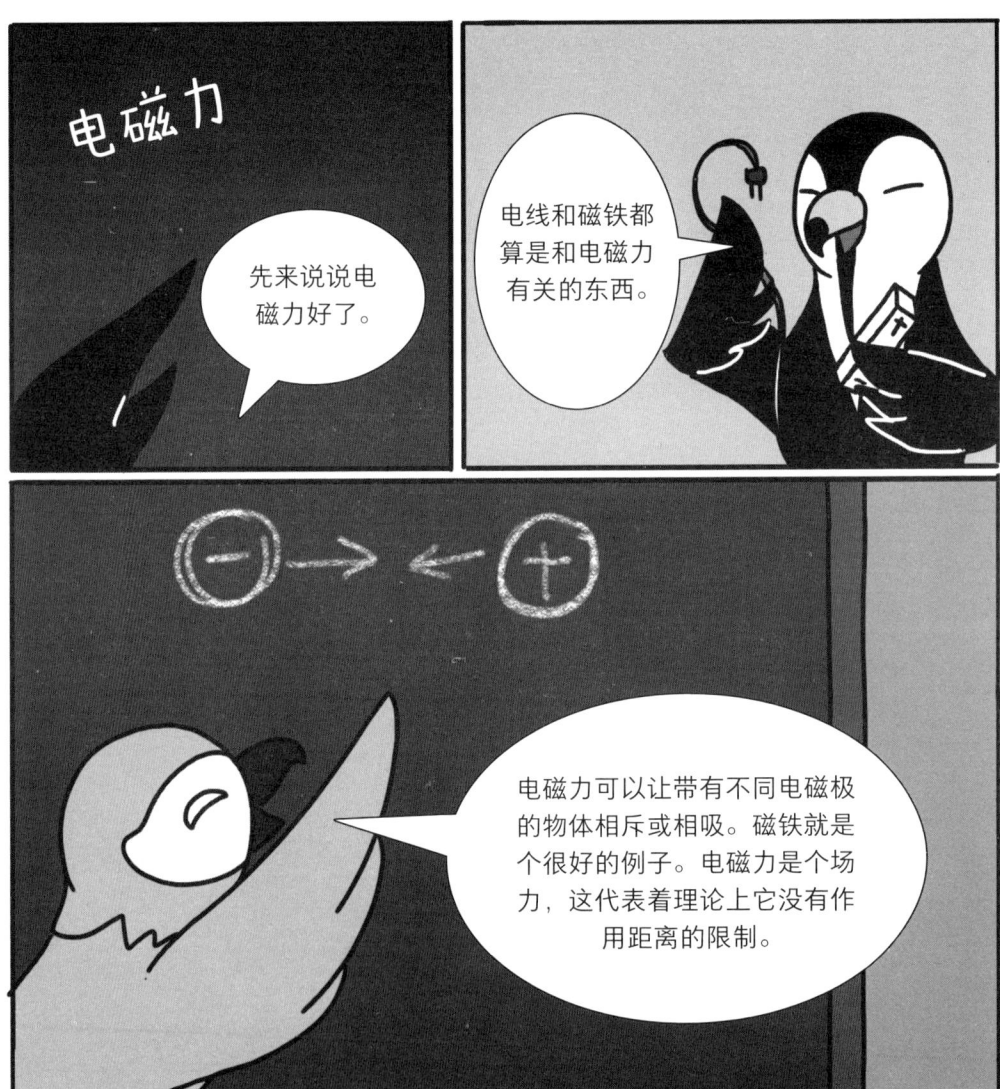

04 引力到底是强还是弱

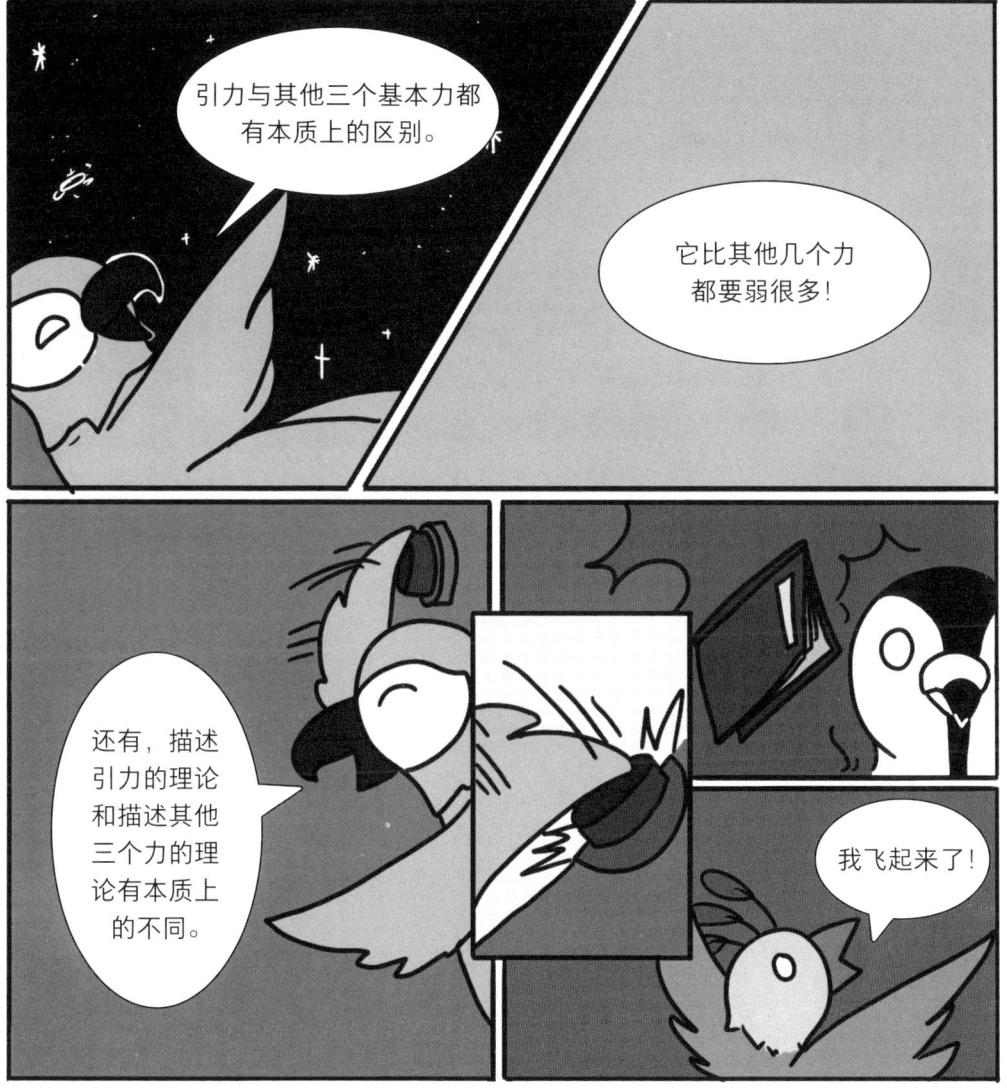

鸟博士的疯狂物理课

056

04　引力到底是强还是弱

04 引力到底是强还是弱

引力为什么这么弱

引力很强吗

当我们想到引力时，我们会想到太阳系、银河系和构成我们宇宙的众多星系。我们还发现中子星和黑洞具有极强的引力。重力必须非常非常强大才能形成所有这些奇迹！它必须非常强大……真的是这样吗？

四种基本力

自然界中有四种基本力。它们是电磁力、强核力、弱核力和引力。所有其他力，如摩擦力，都是由这四种力中的一种或多种组成的。

核力作用范围非常小，大约是质子的大小。它们不影响日常生活中的现象，但它们绝对至关重要，因为它们构成了宇宙的基石。强核力使夸克相互吸引，形成质子和中子。简而言之，胶子（携带强力的粒子）充当夸克之间的胶水，使它们粘在一起。弱核力可能是最违反直觉的一个，因为它不是吸引东西，而是破坏东西。弱核力负责放射性衰变，例如 β 衰变。

回到引力

引力很可能是最著名的基本力。其实，它还是最弱的基本力！但是为什么引力这么弱呢？如果它那么弱，怎么可能产生巨大的星系？这就涉及相对论和标准模型了。电磁力、强核力和弱核力可以通过标准模型描述。但引力是由爱因斯坦的广义相对论描述的。在广义相对论中，引力严格意义上来说不是一种力，而是四维时空的扭曲。简而言之，引力的不同性质使其比其他三种力弱得多。

　　这就是为什么引力其实是最弱的基本力。尽管大家都认为引力很强，但是事实并非如此。

05

为什么引力其实不是力

大家都知道引力是什么,对吧?只要两个物体有质量,它们就会互相吸引,产生引力。上一篇我们谈到了引力,阿尔伯特和费里斯也解释了为什么它是最弱的基本力。但是在解释的过程中,他们忽略了一个问题。根据相对论对引力的描述,引力其实并不是力!它与其他三种基本力——电磁力、强核力和弱核力有着根本的不同。这听起来肯定很奇怪。让我们跟随两位鸟博士一起探索这个问题,因为这里隐藏着一个非常著名且迷人的物理理论。

05 为什么引力其实不是力

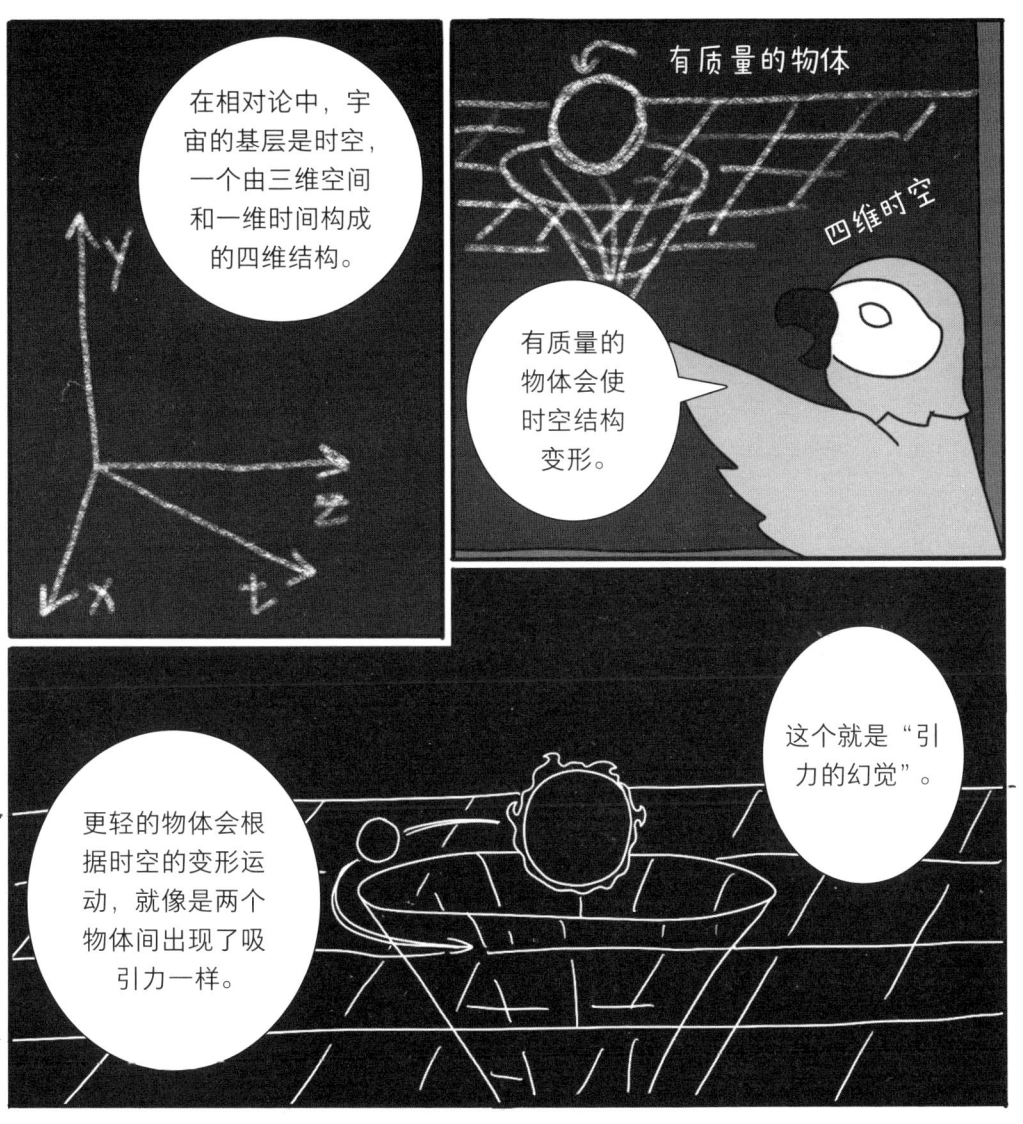

05 为什么引力其实不是力

05 为什么引力其实不是力

引力其实不是力

经典物理学中的引力

上一期，鸟教授们提出了引力与其他力的不同之处。但引力并不总是那么奇怪。如果我们穿越回经典物理学的时代，一切都非常简单。在经典物理学中，牛顿给引力下了一个简单的定义："作用于所有物质之间的普遍吸引力。"这意味着只要物体有质量，它就会和其他有质量的物体互相吸引。但是，近代科学家发现了不符合牛顿理论的现象。其中就有经典物理学无法准确预测的水星运动轨迹。

相对论中的引力

让我们回到 1905 年。阿尔伯特·爱因斯坦刚刚在德国物理学杂志《物理年鉴》(Annalen der Physik) 上发表了他的狭义相对论。十年后，他完成了广义相对论。这一理论标志着新物理学时代的开始。它提供了对引力的全新描述。引力不再是两个物体之间的吸引力，而是完全不同的东西。它变成了宇宙中的时空弯曲！

为什么引力从"吸引力"转变为"时空弯曲"了？因为在相对论中，宇宙是由四维时空组成的，是三维空间与一维时间的结合。简单来说，天体会扭曲时空。想象你把一个铅球放在蹦床上，然后放一个乒乓球在蹦床上。因为铅球改变了蹦床的曲度，乒乓球会围绕着铅球移动。在宇宙中，铅球是恒星，乒乓球是行星，而蹦床则是四维时空。这些可以归结为一句话："物体告诉时空如何弯曲，弯曲的时空告诉物体如何移动。"

　　所以,引力只是扭曲时空后带来的一种幻觉。不过,狭义相对论告诉我们,质量不仅能弯曲空间,还可以改变时间的流速。这就是为什么在引力场极大的天体附近,时间会比宇宙的其他地方流逝得更慢。尽管在现代物理学中,引力已经不是个"合格"的力了,但是它在宏观世界中的作用无疑仍是深远和基础性的。

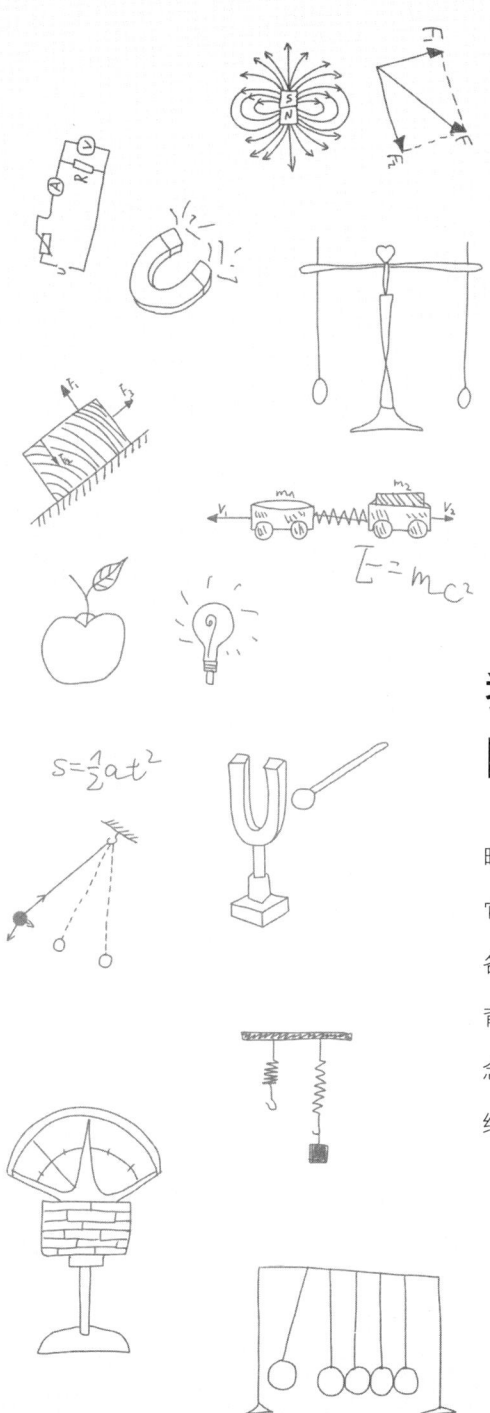

06

我们看不到暗物质是因为它太黑了吗

暗物质是个很有名的物理概念,很多人都听说过它,我相信你肯定也听过它。尽管它名声在外,在各种科幻电影中戏份不少,但有多少人真正理解它背后的理论呢?暗物质是物理学中非常神秘的概念,经常能引起人们的好奇心。今天,阿尔伯特将给那个需要多读书的芬力讲讲暗物质。

06 我们看不到暗物质是因为它太黑了吗

06 我们看不到暗物质是因为它太黑了吗

06　我们看不到暗物质是因为它太黑了吗

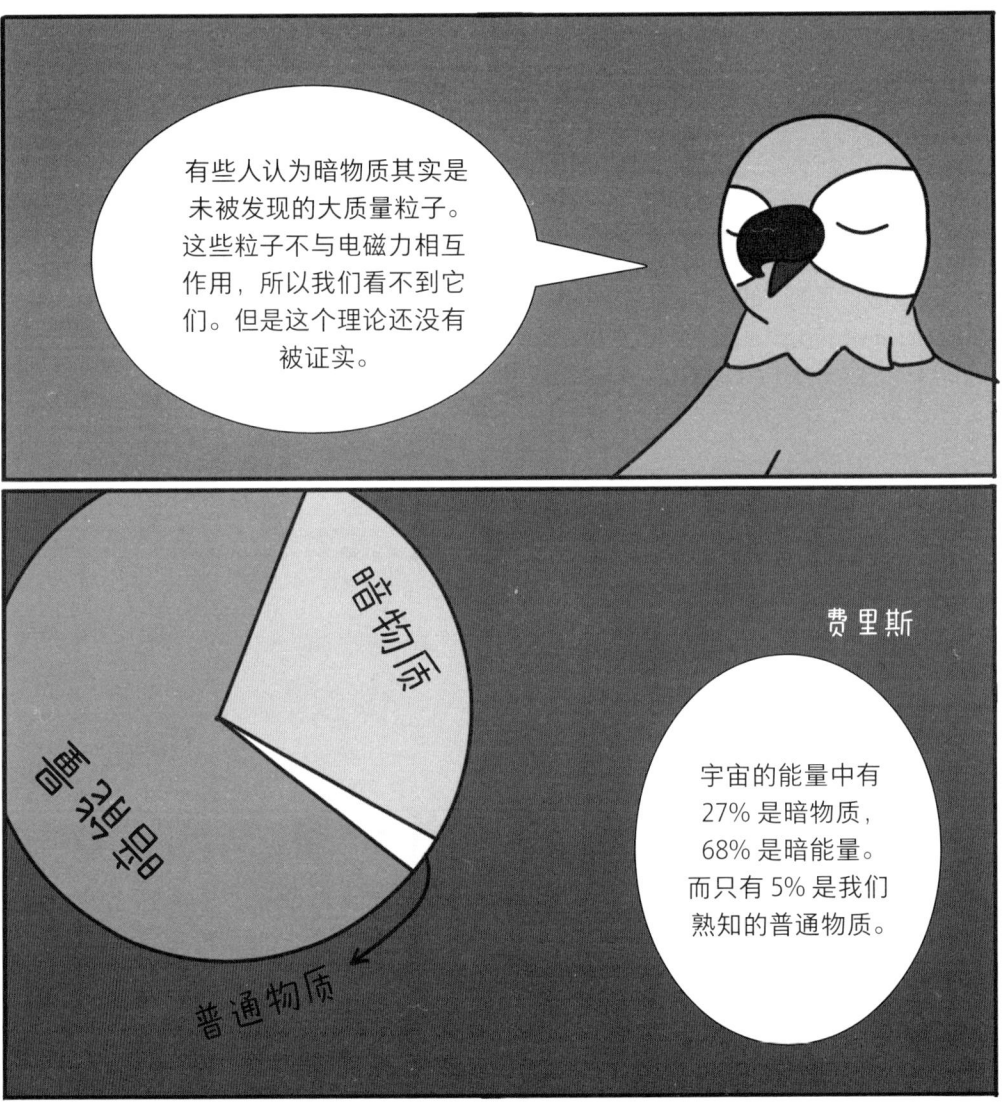

06 我们看不到暗物质是因为它太黑了吗

06 我们看不到暗物质是因为它太黑了吗

暗物质是什么

宇宙中有多少暗物质

暗物质约占宇宙能量总和的 27%，另外 68% 是暗能量，剩下的约 5% 是我们所熟悉的普通物质。因为我们看不到暗物质和暗能量，所以 95% 的宇宙对我们来说是无法被观测到的——也就是黑暗的。目前，我们仍然不知道暗物质和暗能量是什么……我们基本上不知道它们的物质构成和特性，我们只知道它们存在。这时你可能会问，我们怎么知道暗物质——这种无法被观测到的物质存在？

谁"发现"了暗物质

"暗物质"这一表述最初是由弗里茨·兹威基提出的。他发现后发座星系团中所有恒星的质量仅为将星系保持在一起所需质量相差多达一两个数量级。如果只考虑这些能被观测到的物质，这个星系团里面的星星早就因为质量太小而散开、不知道飞到哪里去了。天文学家们渐渐发现了更多这样的例子，所以兹威基就提出了暗物质的概念来补上那些星系中缺失的物质。

所以暗物质到底是什么

今天，我们还是不知道暗物质的本质是什么。一些人提出，暗物质可能是弱相互作用的大质量粒子，它们很重，但不与正常物质产生电磁力相互作用，这让它们极其难被观测到。但是粒子物理学中的标准模型并没有提出这种类型的粒子，所以也没人知道暗物质到底是不是这种理论中的粒子。

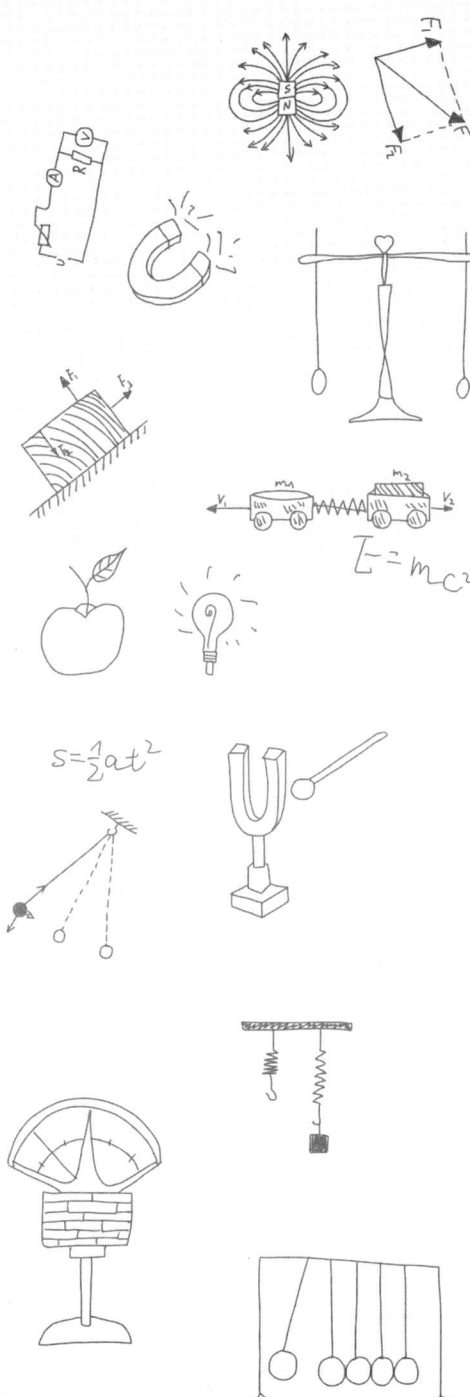

07

如何才能看见时空泛起的涟漪

你知道引力波是什么吗？引力波被天文学家称为"时空的涟漪"，它与爱因斯坦的相对论密切相关。在上一篇中，阿尔伯特揭秘了他的实验室。他正在进行与暗物质相关的实验，其实他的实验还有另一部分！在这一篇中，阿尔伯特将继续谈论他的实验和背后的原理，以及著名的相对论。这回，他的实验将给费里斯一个惊喜！

07 如何才能看见时空泛起的涟漪

07　如何才能看见时空泛起的涟漪

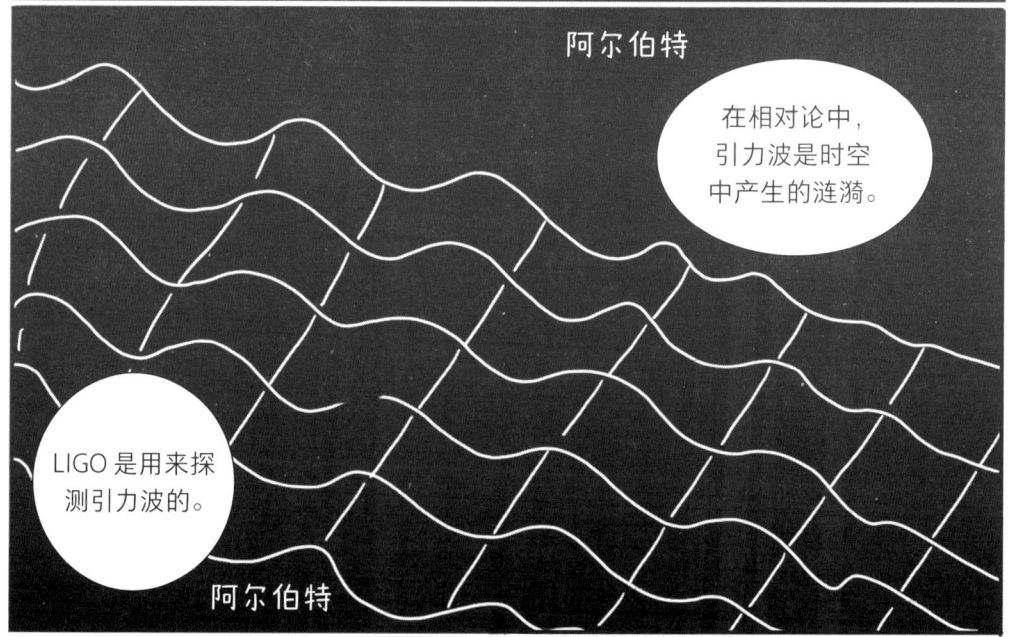

07 如何才能看见时空泛起的涟漪

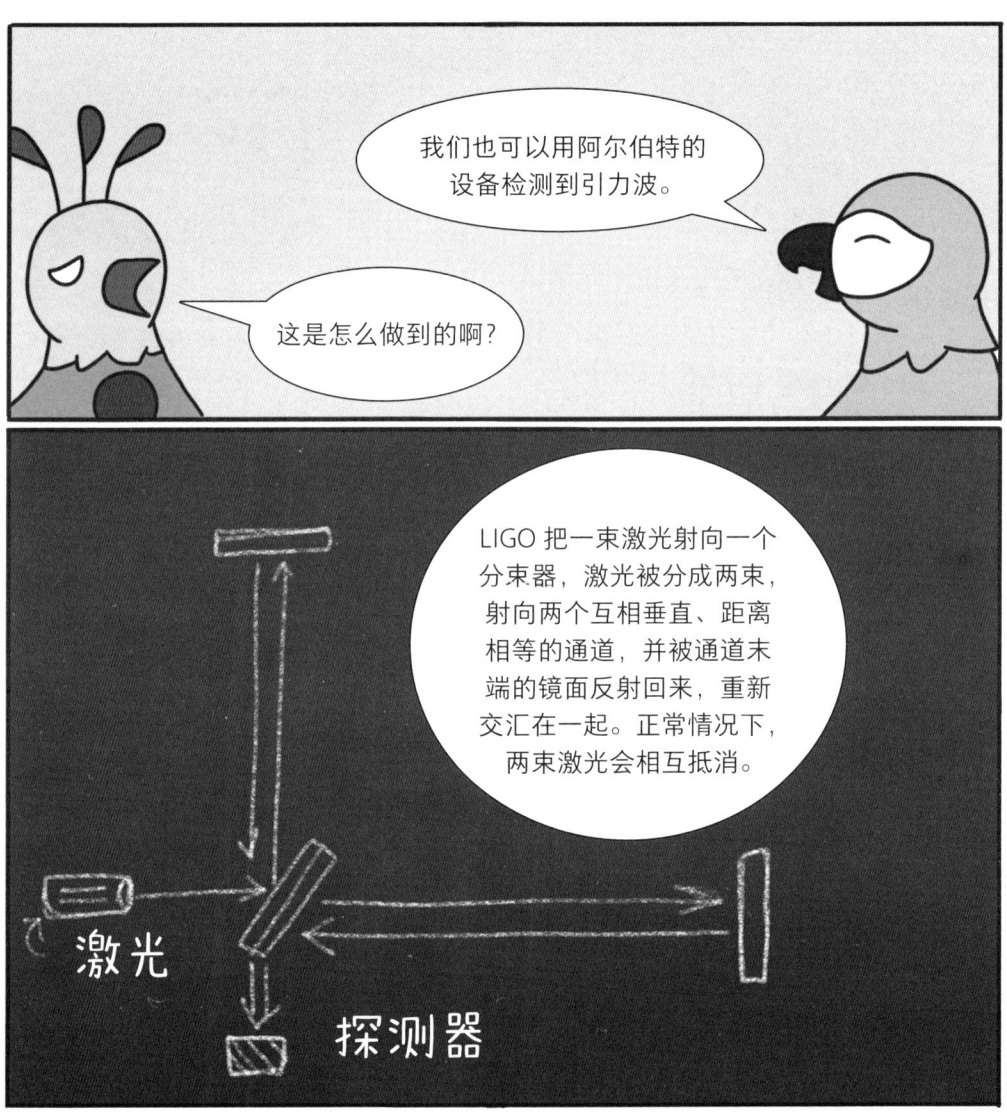

07 如何才能看见时空泛起的涟漪

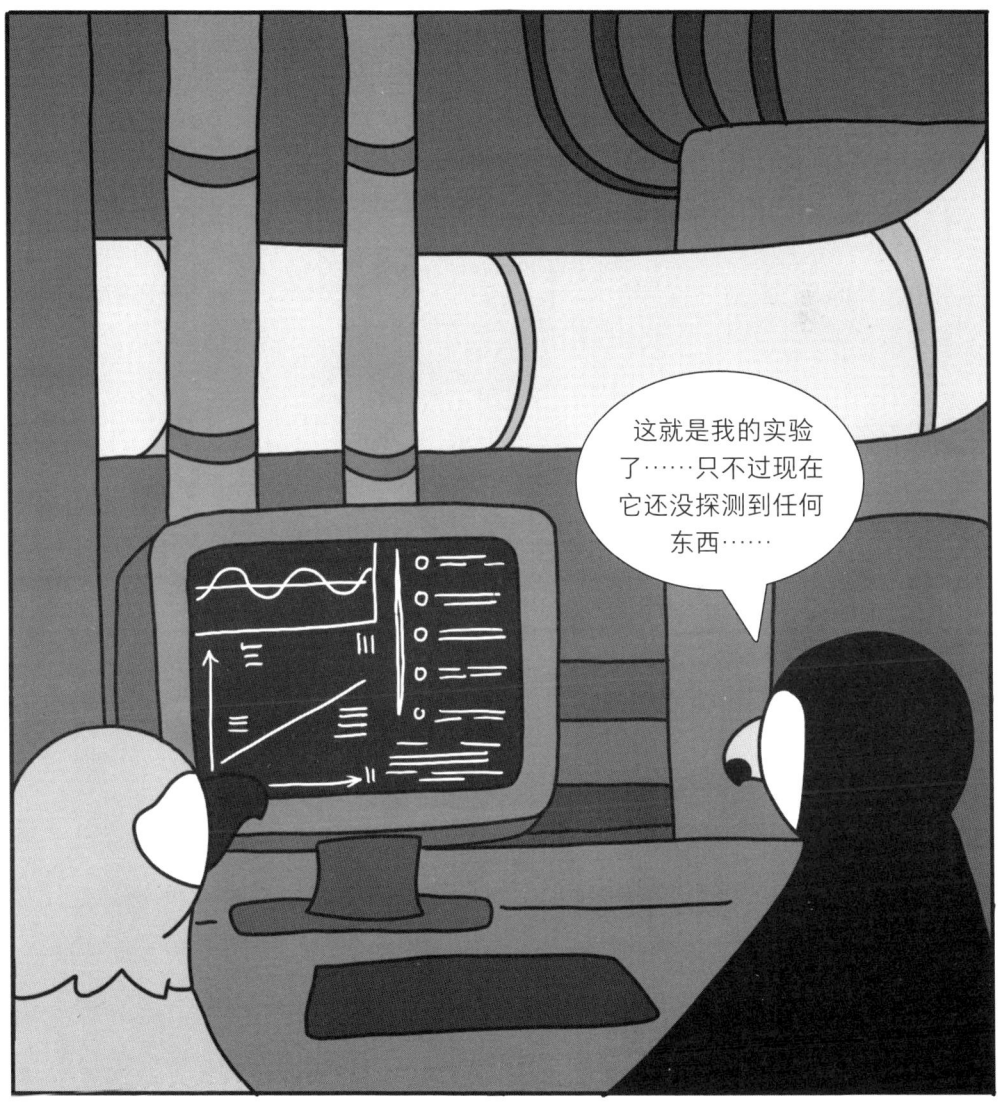

爱因斯坦、相对论和引力波

相对论与引力波

想要理解引力波需要先了解相对论。相对论其实有两个部分：狭义相对论和广义相对论。引力波主要和广义相对论有关。在上一篇，费里斯谈到了在我们的宇宙中，空间和时间是如何结合成四维时空的。时空不仅可以弯曲，它还能产生涟漪。这些涟漪就是引力波。

引力波是怎么产生的

质量极大的天体在进行高能量活动时会产生引力波。这些活动主要包括黑洞的合并、中子星的合并和超新星爆炸。因为黑洞和中子星密度极大、质量极大，它们相互碰撞时的能量会大幅度扰乱时空，产生以光速传播的涟漪。当两个黑洞以接近光速的速度合并时，它们会以极快的速度来回盘旋；当它们最终相互碰撞时，会释放出巨大的能量。这个能量主要转化为向各个方向传播的引力波，而当我们检测到这样的引力波时，我们可以推断出黑洞合并的一些相关信息。

引力波和阿尔伯特的实验

现在你了解了引力波的基础知识，让我们回到阿尔伯特的实验。激光是如何帮助他探测到那些引力波的？其实没那么复杂。在他的实验中，一束激光传播到分束器并被分成相互垂直、相位完全相反的两束，然后这两束激光分别经过距离相等的通道并被镜子反射回来，重新交汇在一起。正常情况下，由于两束光走过的距离完全相等，两束激光的相位仍然正好相反，因此它们再次交汇时会相互抵消。而当仪器受到引力波干扰时，时空的扰动会导致两束激光走过的距离变得不一致，当它们重新相遇时相位不再正好相反，因此不会相互抵消，从而被探测器检测到。当检测到这样的干扰时，我们就知道发生了强烈的天体活动。

  我们实际上已经检测到了很多黑洞合并的现象。随着更多的发现到来，引力天文学在天文学领域也会发挥更大的作用。看到人类通过各种创新构建我们对宇宙全貌的理解真的非常酷。

外星人真的存在吗

每当我们抬头仰望夜空并看到数十亿颗闪烁的星星时,不禁会产生这样的疑问:我们是宇宙中唯一的生命吗?外星人存在吗?围绕这个话题有太多的谜团、问题和理论。什么是真正的外星人?他们在哪里?我们有可能与他们接触吗?在这一篇中,两位鸟博士将讨论围绕外星人的种种推测。

08 外星人真的存在吗

08 外星人真的存在吗

08 外星人真的存在吗

08　外星人真的存在吗

真的有外星人吗

费米悖论

当人类凝视夜空中无数颗闪烁的星星时,不禁会好奇那里是否也存在与人类相似的生命体。宇宙已经存在了约138亿年,我们似乎不太可能是宇宙中唯一的生命体。近几十年,我们在地球表面和太空安置了先进的望远镜,也发射了星际探测器。宇宙如此巨大而古老,我们本应该早就发现外星生命了。但是迄今为止,我们仍没有找到任何信息能够证明除了我们之外还有其他外星文明存在的迹象。在浩瀚的宇宙中,我们好像真的是孤独的。这就是著名的费米悖论。

黑暗森林理论

围绕费米悖论有几种理论,试图解释这一问题。其中一种认为,生命极其稀有,而智慧生命则更为稀有。地球是宇宙中唯一存在智慧生命的星球。如果这个理论是正确的,我们在宇宙中确实是孤独的。

但也有另一种猜测:外星人确实存在,但他们害怕与我们接触。这就是著名的黑暗森林理论。宇宙中的生命彼此恐惧,因为接触可能意味着毁灭。该理论指出,星际间的文明无法判断其他文明是否有敌意,因此,当他们发现另一个文明时,最明智的做法就是消灭对方以求自保。如果真是如此,那么文明就会刻意隐藏自己在宇宙中的踪迹。小说《三体》呈现了对这一理论的诠释。如果这个理论是正确的,那么我们发射的星际探测器及向太空发射电波信号对我们文明的生存来说是危险的。也许,一个敌对的、更先进的地外文明,会把我们彻底消灭。

我们是孤独的吗

当然,我们也不用过于担心这种情况。我们的太空探测器旅行者一号和旅行者二号只飞出了我们的太阳系。这与我们与其他恒星系统的距离相比,是非常短的距离。此外,我们发出的无线电波,虽然理论上可以无限远地传播,但随着距离的增加,会变得和噪声难以区分。因此,外星文明不太可能发现我们这颗在宇宙偏僻的角落里,绕着一颗年轻的恒星运行的小行星。

所以,我们需要对外星生命感到恐惧吗?现在还不用。不过,思考这方面的问题会带来更多对宇宙的探索和研究。

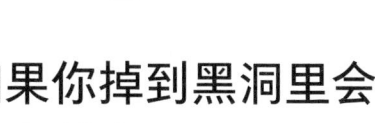

09

如果你掉到黑洞里会发生什么

黑洞可以说是宇宙中最迷人和神秘的天体了。科幻小说和电影中经常出现它的身影。最近，科学家为两个黑洞拍摄了照片——这绝对不是件容易的事，可见人类对黑洞是多么感兴趣。黑洞打破了我们已有的物理理论。因为它超强的引力，宇宙中速度最快的光都无法逃脱它的吸引。假如你现在飞到黑洞旁边，你会看到什么？如果你掉进黑洞里呢？这次，阿尔伯特和费里斯将会给芬力讲解和黑洞相关的知识。

鸟博士的疯狂物理课

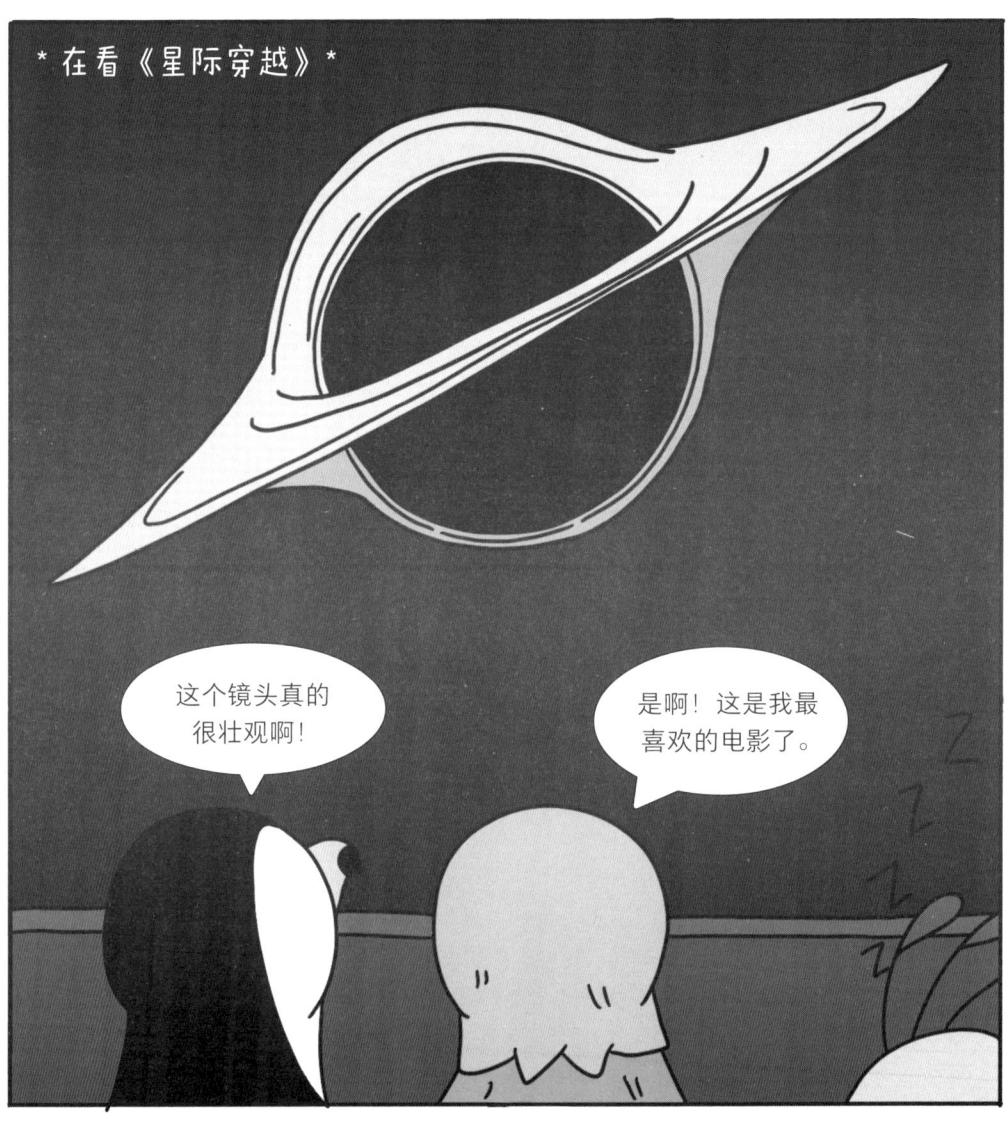

118

09　如果你掉到黑洞里会发生什么

119

09 如果你掉到黑洞里会发生什么

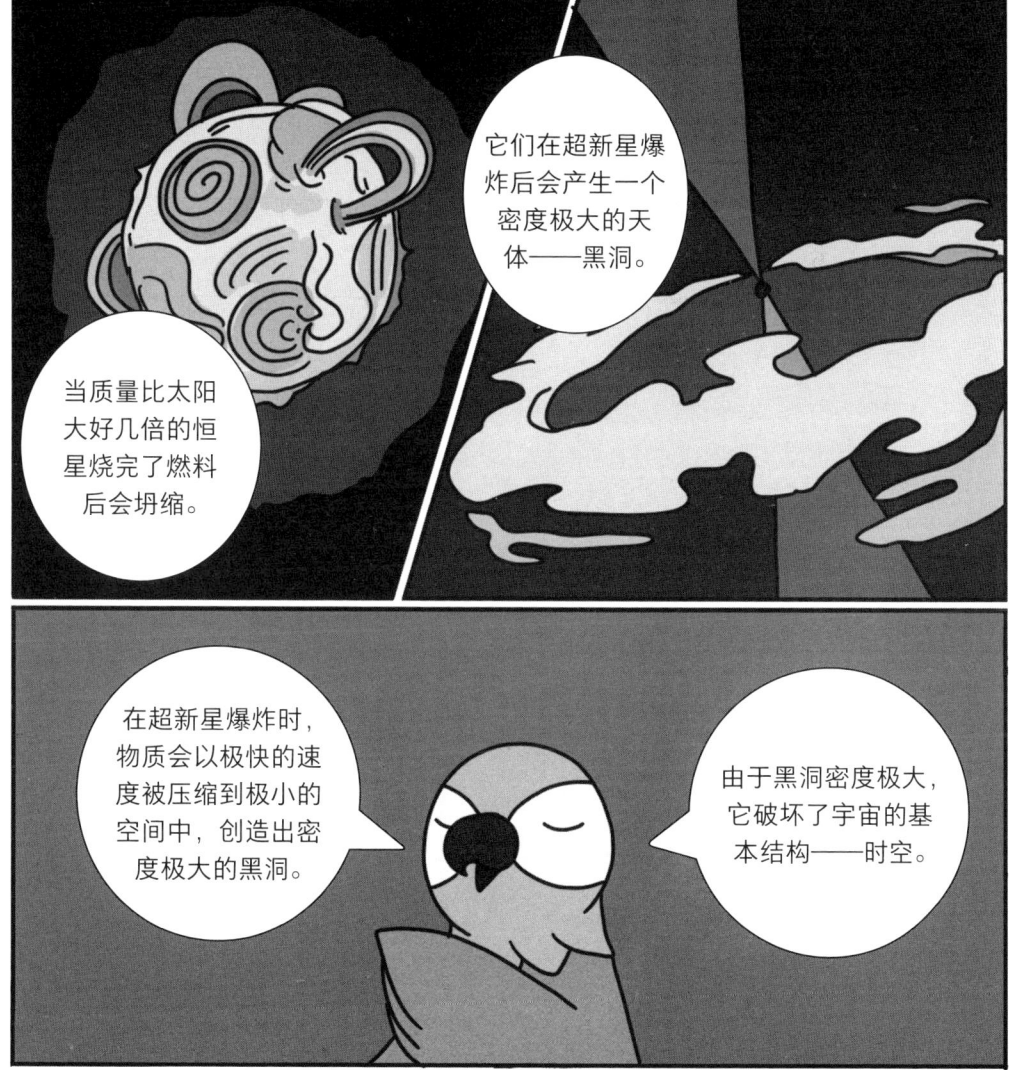

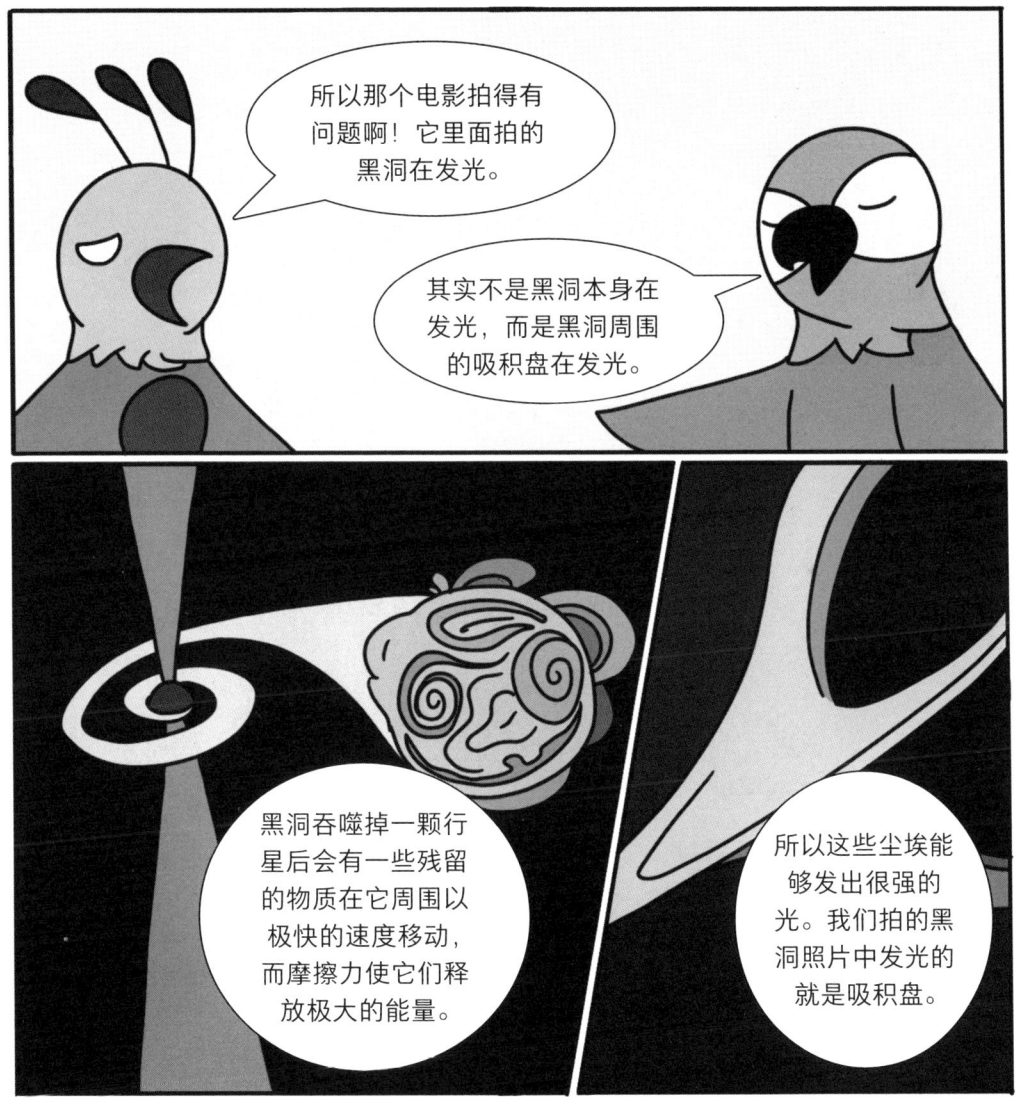

09 如果你掉到黑洞里会发生什么

09 如果你掉到黑洞里会发生什么

你知道黑洞是什么吗

黑洞的诞生

黑洞诞生于能量极大的超新星爆发。当一颗质量巨大的恒星燃烧掉所有燃料时，它会以极快的速度坍缩，造成恒星爆炸，爆炸一瞬间所释放出的能量非常巨大。这个过程将如此多的质量压缩到一个微小的空间中，从而产生了一个极其致密的天体——黑洞。

黑洞有怎样独一无二的特质

如果你直视黑洞本体，它看起来像隐形了一般，与周围的真空融为一体。这是因为黑洞有一个一旦跨越就无法退出的边界，使物质无法离开黑洞。这个边界叫作事件视界。如果看不到黑洞，我们是怎么知道它们的存在的？天文学家们可以通过观测黑洞周围的天体，推论出其位置和性质。如果你发现天体围绕着一片看似空旷的区域运动，这很可能是黑洞的引力造成的。此外，恒星被黑洞吞并后，会留下残留物质在视界外以极快的速度绕黑洞运行，它们会像圆盘一样发光。这是黑洞的吸积盘，我打赌你一定在科幻电影（比如《星际穿越》）中看到过它。当我们拍摄黑洞的照片时，我们看到的辉光就是它周围明亮的吸积盘。

如果接近黑洞事件视界会怎样

如果你试图接近黑洞的事件视界会怎么样？首先，你会看到非常奇怪的景象。如果你在事件视界附近观察一个黑洞，你会看到自己的后脑勺。你看向的每一个方向都会出现你自己。这是因为黑洞的引力非常强，使光子围绕其运动，进而弯曲了光线。此外，黑洞的引力可以让你体验一次时间旅行。因为在相对论中，引力会改变时间的流逝，而当处于黑洞附近非常强的引力场中，相对于宇宙的其他部分，时间对你来说会过得很慢。

如果跨越黑洞视界会发生什么

如果你决定掉进黑洞，那么你就不能反悔了。因为一旦你越过事件视界，就不可能逃出黑洞极强的引力场，因为逃离黑洞视界需要超光速的速度。一切越过事件视界的物质都走上了不归路，其信息将永远消失在黑洞中。我们不知道事件视界里是什么，因为落入其中的信息永远不会再次出现，所以我们只能假设黑洞最中心是一个具有无限质量的奇点。

对于黑洞，我们还需要了解的太多了。人类目前最完善的理论——广义相对论，也无法完全解释黑洞的存在，因为该理论无法描述无限曲率的时空和无限致密的物体。因此，我们需要更好的理论来解释这些宇宙中最奇特、最迷人的天体。

太阳系有可能就是一个原子吗

记得很久以前,我曾想过原子与太阳系有多么相似。它们都是轨道系统,都是小的物体围绕大的物体运动。中学老师告诉我们,电子绕原子核运动,就像行星绕太阳运行一样。现在想想,这个说法多么荒谬啊!量子力学下的微观世界从来没有清晰的运动轨迹这一说;因为在量子世界里,一切皆有可能。今天,芬力又对原子运行大放厥词,我和费里斯只好再给他上一课。我真的要变成高中物理老师了。真烦。

——阿尔伯特

10 太阳系有可能就是一个原子吗

10 太阳系有可能就是一个原子吗

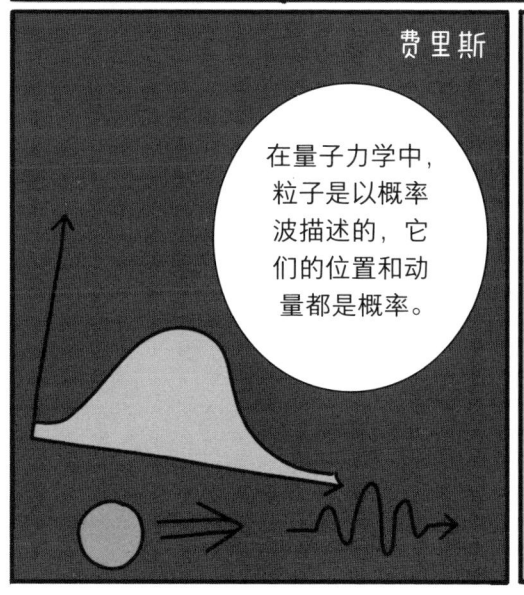

10 太阳系有可能就是一个原子吗

关于原子模型

原子模型是什么

原子似乎很简单。如果我们忽略标准模型，只追求简单的东西，原子仅由三种粒子组成：质子、中子和电子。质子和中子在中间，形成原子核；电子在原子核之外以圆形轨道绕原子核运行。但事实并非如此。电子从不绕原子核移动，甚至你可以说电子从一开始就不存在！

量子力学中的概率

在量子力学中，电子的位置是由概率波描述的。在空间区域中，电子有一定概率出现，但你永远无法确定它是否会出现。这是量子力学的核心思想之一，即每个粒子都是一个概率，而不是一个确定的结果。你只能通过观察它来推断粒子在哪里。虽然物理学家们知道描述电子的数学概率函数，但是如果想要确定电子的位置，除了观察特定区域别无他法。与粒子相互作用时，电子的波函数会从一系列可能性"坍缩"到只有两种可能性——它存在，或者不存在。

电子的不确定性

量子力学是一种基于概率的理论，几乎没有任何确定性。所以根据这种理论，电子不能用一个确定的轨道来描述。但是我们可以通过电子云体现电子位置的不确定性。与二维的轨道不同，电子云是三维的。我们以 s、p、d 和 f 命名这些云状的"轨道"。每个云都描述了特定三维空间。一些轨道的形状非常奇怪：s 轨道是个球体，p 轨道看起来像哑铃，d 和 f 轨道非常复杂，其中一些看起来像一堆粘在一起的球体。这些云状的"轨道"描述的是"电子有很高概率出现在这个空间"，不意味着电子一定会出现在那里；实际上，它们可以在任何地方。

原子模型的未来

科学家们提出了各式各样的原子模型。最开始，我们认为原子是实心球体，后来又变成了内部带有负电荷的"布丁模型"。目前，我们认为原子是一个原子核，周围环绕着电子云。每当我们关于原子和亚原子粒子的理论取得进展时，我们都会收到一个新的原子模型。科学的进步总会带给我们惊喜，谁知道接下来会发生什么呢？

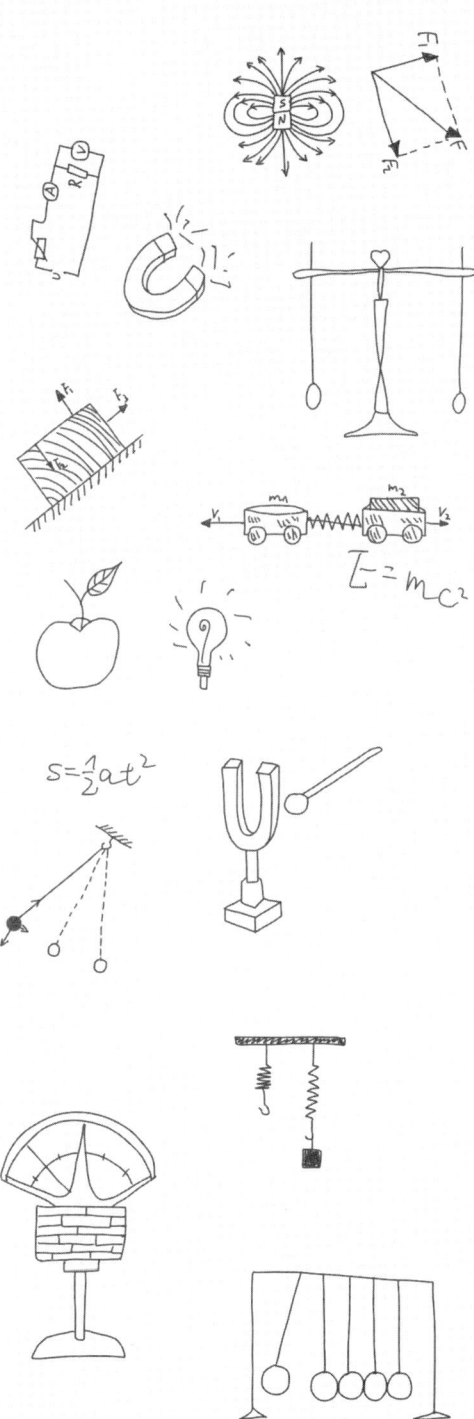

宇宙的起源是什么

宇宙是如何形成的?是什么造就了我们今天观察到的众多星系和恒星?人们普遍认为,宇宙始于宇宙大爆炸。但是这个理论不是很准确,也没有呈现我们所知道的宇宙形成的全貌。那么,宇宙到底是怎么开始的?听听阿尔伯特和费里斯两位鸟博士怎么说吧!

鸟博士的疯狂物理课

11　宇宙的起源是什么

11 宇宙的起源是什么

147

11 宇宙的起源是什么

11 宇宙的起源是什么

关于宇宙起源的理论

大爆炸理论的缺陷

传统的大爆炸理论指出，138亿年前，宇宙从一个质量无限大、体积无限小的奇点爆炸。这次爆炸创造了空间、时间和物质。虽然这个理论被广泛接受，但它并不那么准确。大爆炸理论并没有解决"平坦性问题"。这个问题关乎对宇宙"形状"的预测——在大爆炸理论中，宇宙的曲率会随着时间而变化，但观测发现宇宙的几何形状几乎是平坦的。

宇宙膨胀理论

为了解决大爆炸理论的问题，宇宙学家开发了一个新理论：宇宙膨胀理论。该理论提出：在极早期，宇宙的尺度在一个极短的时间内出现了指数式的膨胀。宇宙膨胀创造了我们今天所知的、能量不均衡的宇宙。其中，密度较大的部分形成了星系和星系团，密度较小的部分则变为了星系间的真空。宇宙膨胀理论被认为是大爆炸理论的延伸，因为它解决了大爆炸的问题，同时保留了大爆炸理论中建立的基本规则。

平坦性问题

宇宙膨胀理论为什么能解决平坦性问题？这是因为，该理论证明了在宇宙膨胀过程中，三维宇宙的任何初始曲率都会被拉伸到接近平坦。想象一下，如果有一只蚂蚁生活在气球上。膨胀前，气球的曲率非常明显；但如果把气球扩大到房子那么大，甚至像地球那样大，气球的曲率对于蚂蚁来说看起来就越来越平。通过这种方式，宇宙膨胀理论解决了平坦性问题；因为宇宙的极速膨胀，以至于宇宙几何的曲率在人类尺度上变得微乎其微。

宇宙的膨胀

从我们对遥远夜空的观察来看，宇宙并不是静止的。事实上，宇宙正在膨胀，而且这种膨胀正在加速！宇宙的膨胀与其形状不同。宇宙的形状决定了它是否无限，但宇宙的膨胀决定了空间本身的未来。宇宙的膨胀意味着一种能量作用于它，我们称之为"暗能量"。这就是下一章的故事了。

12

宇宙为什么至今还在膨胀

上一篇中,两位鸟博士谈到了宇宙的起源——宇宙大爆炸和宇宙膨胀理论。但随着对宇宙几何的讨论,我们遇到了一个尚未得到解答的问题:为什么宇宙至今还在膨胀?宇宙会永远膨胀下去吗?宇宙的膨胀对我们有什么影响吗?这可是费里斯的研究领域,让我们听听他怎么说吧!

12　宇宙为什么至今还在膨胀

鸟博士的疯狂物理课

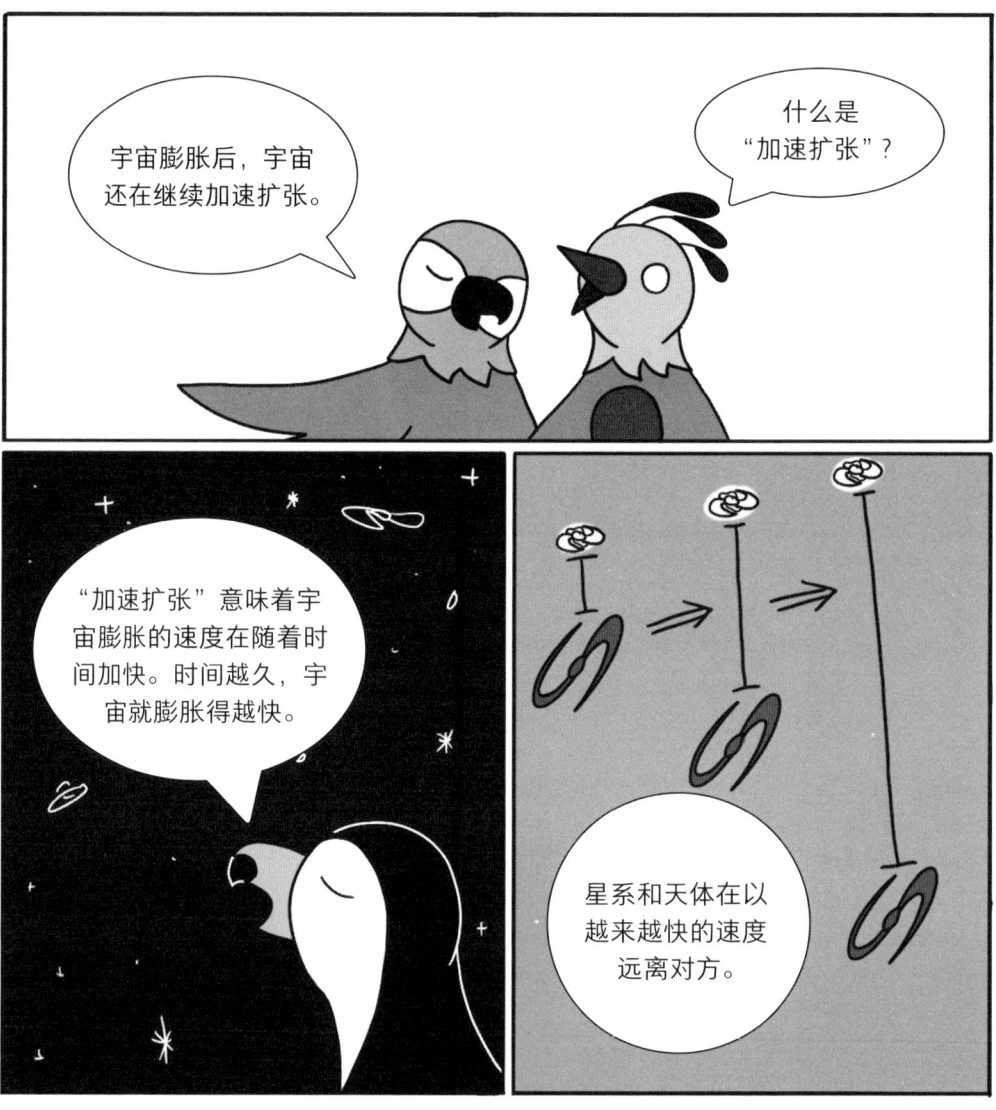

158

12 宇宙为什么至今还在膨胀

12 宇宙为什么至今还在膨胀

12 宇宙为什么至今还在膨胀

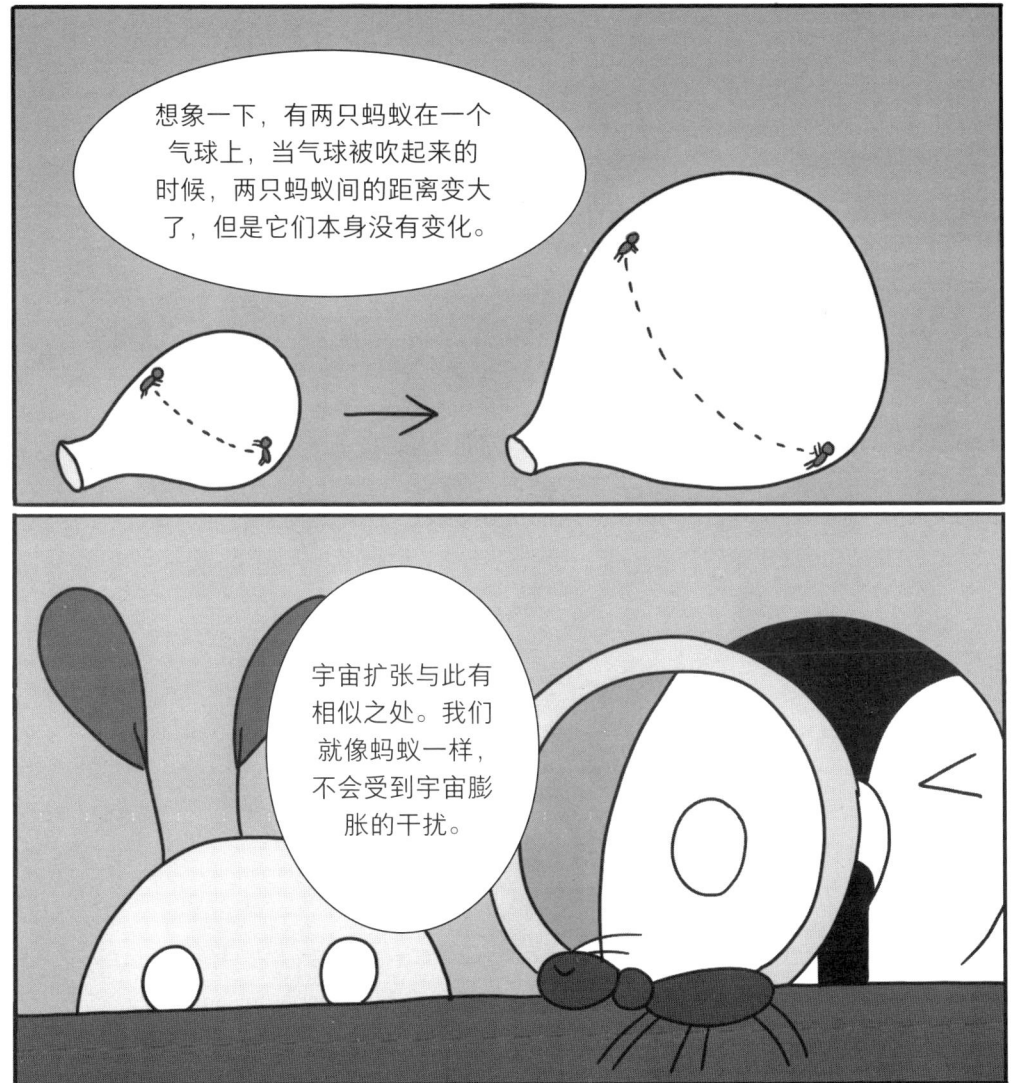

12　宇宙为什么至今还在膨胀

加速膨胀的宇宙

宇宙仍在膨胀

宇宙正在加速膨胀，这意味着随着时间的推移，我们离几万光年外的星系将越来越远。上一章我们讲了138亿年前的膨胀是如何发生的：在极短的时间内，宇宙迅速从一个奇点极速膨胀。然而，现在宇宙仍在膨胀。这种膨胀是内在的，这意味着空间本身在膨胀，占据空间的物质不会受到影响。你的身体不会因为宇宙的膨胀而变大；但是不受引力约束的物体之间的距离会变大。此外，宇宙的膨胀没有中心点；它均匀地扩展。对于宇宙中的任何观察者来说，似乎离观察者越远的星系离我们远去的速度越快，一些距离我们数十亿光年的星系远离我们的速度超过光速。在这种情况下，物体本身并没有以比光速更快的速度行进；在宇宙膨胀下的移动速度是相对速度，只不过因为我们离那些天体太遥远，它们看起来在以超光速的速度远离我们。

"暗能量"理论

我们知道宇宙在膨胀，但我们仍然不知道为什么宇宙会加速膨胀。为了回答这个问题，物理学家提出了"暗能量"这一理论。暗能量是破坏宇宙能量平衡，使其从静态变为动态的能量。很多科学家将暗能量视为"反引力"：引力将质量拉到一起，暗能量将它们"推开"。但暗能量不会破坏受引力束缚的物体，例如星系和恒星系统。暗能量占宇宙总能量的近68%。

宇宙会永远膨胀下去吗

你可能会问,宇宙会永远不停地膨胀吗?它会在膨胀到一定程度后坍塌回奇点吗?说实话,宇宙学家还没有一个确定的答案。但是,如果宇宙继续加速膨胀数十亿年,我们将被永远困在银河系,无法到达几百万光年外的其他星系。为什么宇宙的未来听起来如此暗淡?几十亿年后,人类又要面对怎样的宇宙?这就是下一章的故事了。

13

为什么我们会被困在宇宙的鱼缸中

两位鸟博士在上一章中讨论了宇宙为什么会膨胀。科学家提出了暗能量这个概念来解释宇宙的加速膨胀。但这带来了一个问题,一个我们永远无法跨越的宇宙极限:宇宙的膨胀会把我们困在一个有限的空间中,永远无法达到那个界限之外的天体。宇宙不应该是无限的吗?我们为什么被困在了宇宙的鱼缸中?

鸟博士的疯狂物理课

170

13 为什么我们会被困在宇宙的鱼缸中

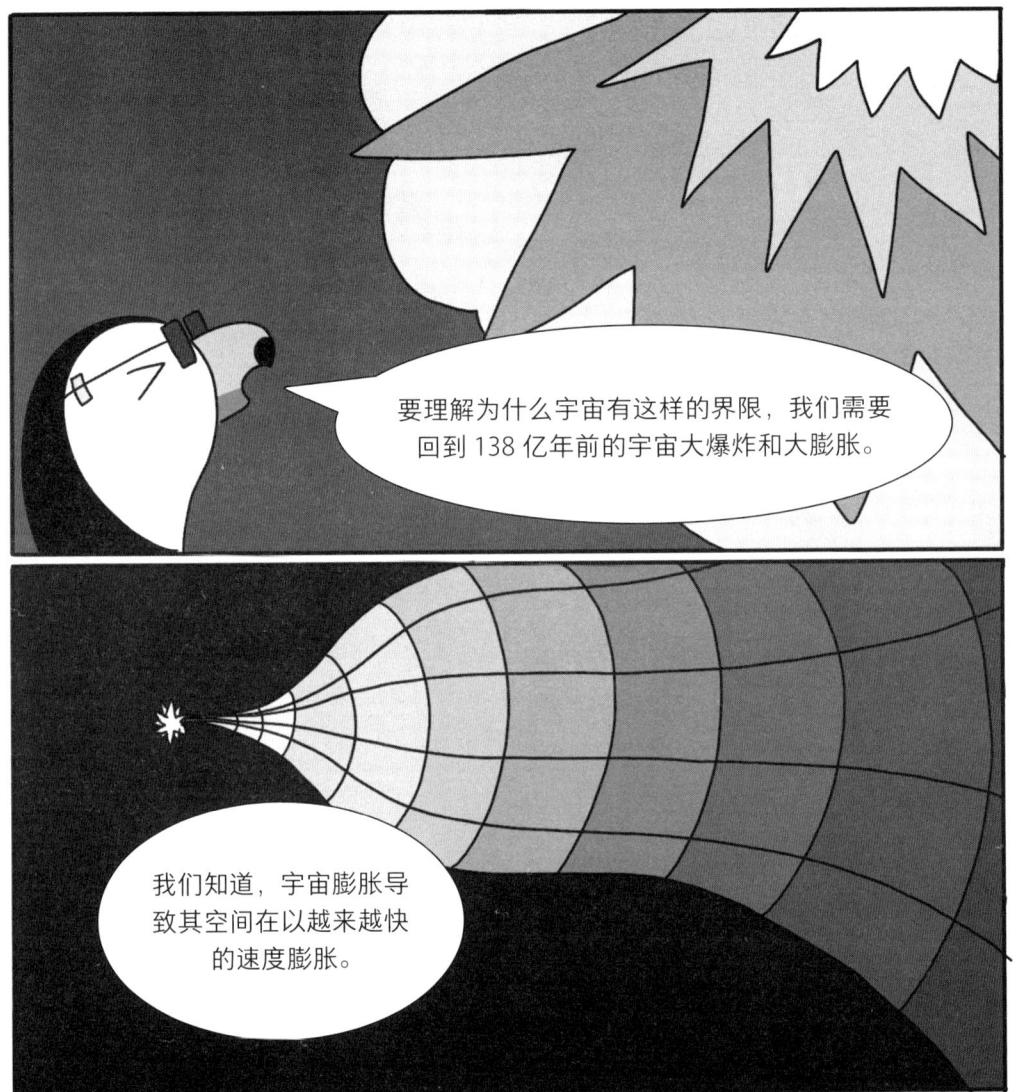

13 为什么我们会被困在宇宙的鱼缸中

13 为什么我们会被困在宇宙的鱼缸中

13 为什么我们会被困在宇宙的鱼缸中

我们被困在了宇宙的鱼缸中

我们离遥远的星系越来越远

从前几章内容中,我们知道宇宙始于 138 亿年前的膨胀。在宇宙的早期,星际尘埃经常形成恒星,但恒星的形成过程正在减缓。这意味着随着时间的推移,恒星会越来越少,老的恒星会坍缩成白矮星、中子星和黑洞。更糟糕的是,宇宙膨胀以令人难以置信的速度拉远着我们和遥远星系的距离。宇宙膨胀作用于所有不受彼此之间引力限制的物体,离我们越远的物体相对于我们移动得越快。即使我们以光速旅行,我们也无法到达绝大多数的星系了。

可观测的宇宙在变大,可互动的宇宙在缩小

如果我们不能与遥远的星系相互作用,我们怎么还能看到它们呢?如果要看到一个物体,该物体所反射的光需要到达你的视网膜。光从一个地方传播到另一个地方需要时间,你可以看到数十亿光年外的那些星系,因为当它们发出光时,宇宙膨胀还没有把它们拉出宇宙极限。所以,你看到的是这些星系过去的位置和过去的样子,而我们不可能知道它们现在的样子。具有讽刺意味的是,现在我们的望远镜能观测到越来越多来自超遥远星系的星光,这意味着可观测的宇宙正在变得越来越大;而由于空间的膨胀,我们可以与之互动的宇宙却正在缩小。

孤独的未来

如果宇宙继续加速膨胀,那么我们跨越星系的希望越来越渺茫。在星系之

间旅行是极其困难的。例如，即使我们以光速旅行，去最近的仙女星系也需要约 250 万年。在遥远的未来，所有超越宇宙极限的星系都将永远离我们而去，来自遥远星系的光也将无法到达我们的望远镜里。似乎在加速膨胀下，宇宙留给人类的未来只有银河系了。

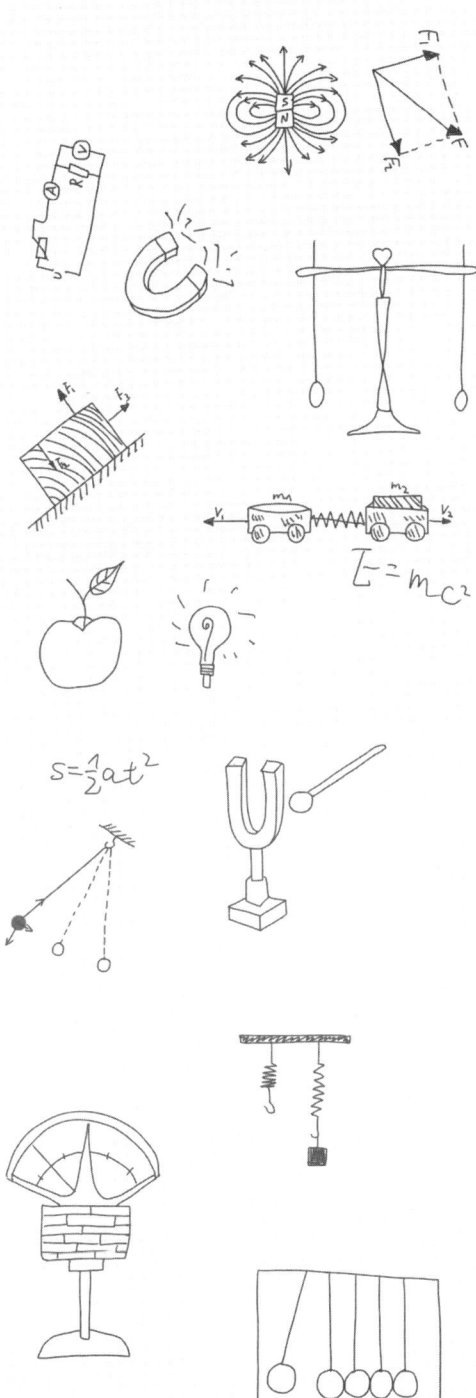

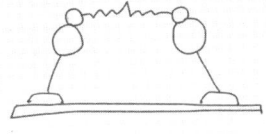

14

你为什么能穿墙而过

人可以穿墙而过吗?这似乎是一个相当荒谬的问题,答案很明显是"不可以"。墙是坚实的物体,人类显然不能穿过它。如果你径直走向一堵墙,你肯定会把自己撞疼。但是,如果你是个极小的粒子,那答案就不一定了!这次,两位鸟博士会在量子力学的框架中,讲讲"穿墙而过"的原理和可能性。

鸟博士的疯狂物理课

14 你为什么能穿墙而过

鸟博士的疯狂物理课

14 你为什么能穿墙而过

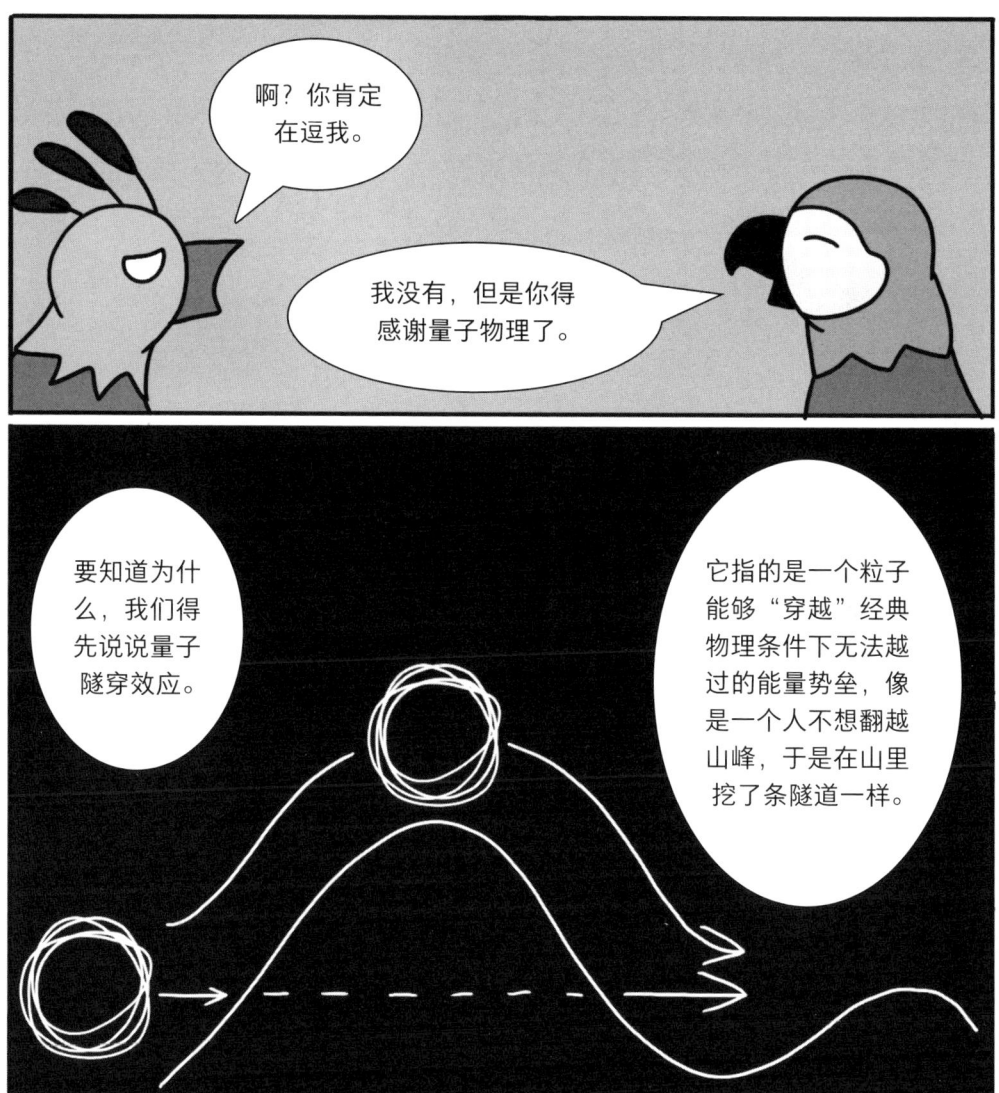

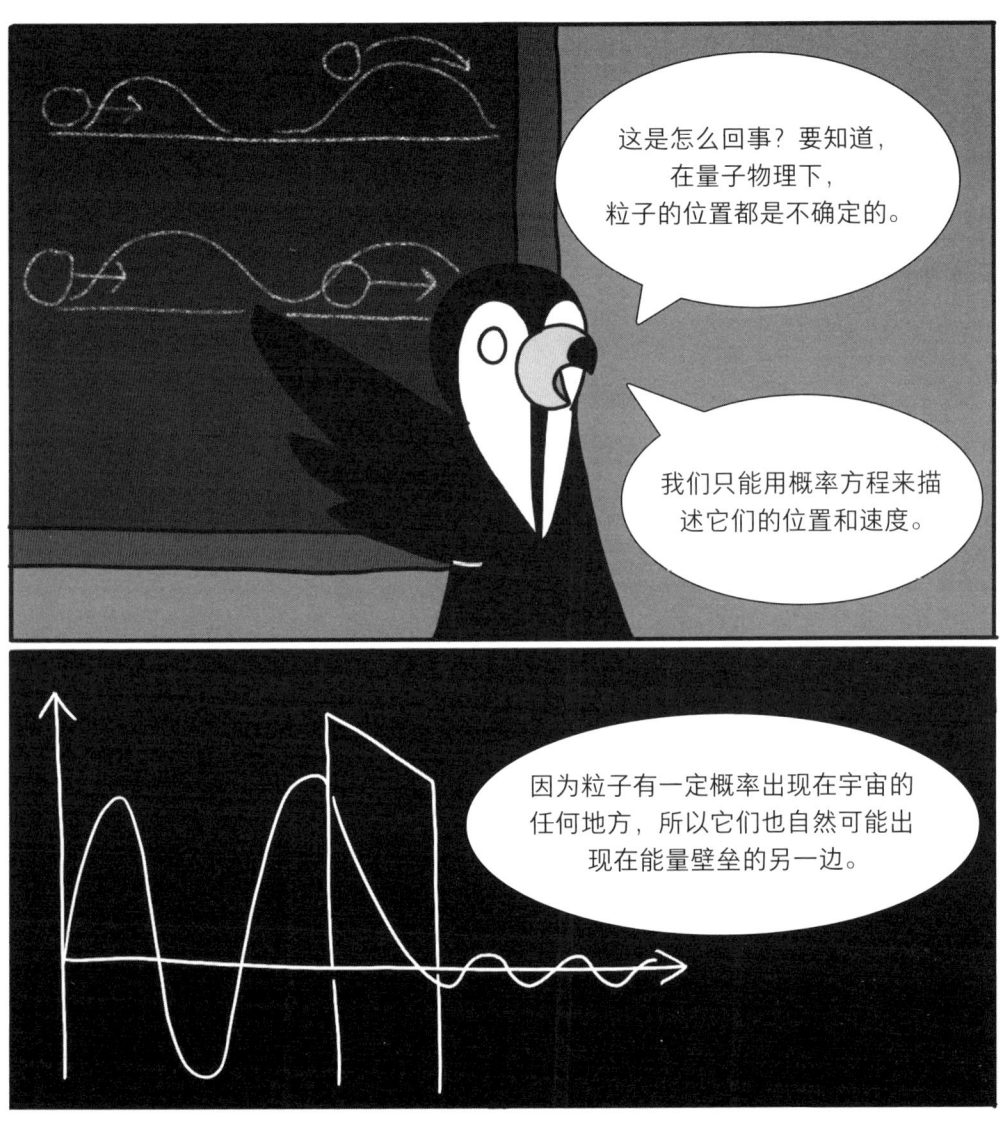

14 你为什么能穿墙而过

鸟博士的疯狂物理课

192

让你穿墙而过的量子隧穿

什么是量子隧穿

要探讨这个问题,我们首先需要了解量子隧穿。量子隧穿是量子力学中的一种现象,它指的是一个粒子能够"穿越"经典物理学条件下无法越过的能量势垒。这是因为粒子可以表现出类似波的属性,它们的波函数可以延伸到经典物理学禁止的区域。因此,粒子出现在障碍物另一侧的概率虽小,但这种可能性是存在的。简而言之,因为在量子世界中,粒子不被定义为一个固定点,而是一系列可能性的集合;所以它穿过能量障碍出现在另一边的概率虽然非常低,但这种可能性仍然是存在的。

量子隧穿在更大尺度上的应用

虽然量子隧穿是一种仅在亚原子或原子尺度上发生的现象,但理论上它也可能适用于更大的尺度。科学家最近已经证实,宏观物体在某种程度上也可以展现出量子隧穿行为。

你能"量子隧穿"穿过墙吗

回到问题本身。人们是否能像电子穿越能量势垒那样穿墙呢?从理论上讲是可能的,当然,这并不意味着会在现实中发生。人类是数亿亿亿个原子组成的集合体,可以肯定地说,这么多原子同时展现出量子隧穿穿过坚实的墙,几乎是不可能的。想象一下,一个人自宇宙诞生后每秒钟都撞向墙壁,即使在宇宙热寂之后，他也可能无法穿过墙壁。

所以，我们实际并不能真的穿墙而过。像电子这样的亚原子粒子通过量子隧穿经常能做到这一点。但是，宏观物体完全表现出量子隧穿行为的可能性非常小，虽然并非不可能。然而，在这一领域的研究并非完全无用，因为它将为我们提供关于量子世界和宏观世界的洞见。

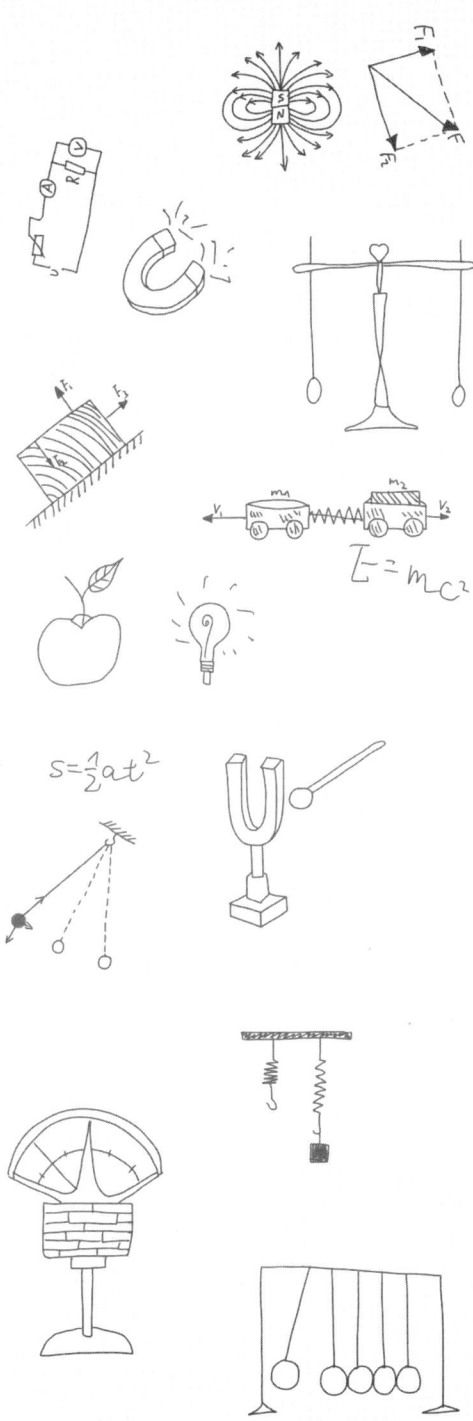

15

时空传送真的可能吗

我敢打赌你之前一定听说过虫洞。《超时空接触》和《星际穿越》等著名科幻电影都讨论过虫洞这种神秘而迷人的物理现象。但是虫洞究竟是什么？它们是真实存在的吗？人类是否也能制造虫洞，并在宇宙中实现时空传送呢？这可是费里斯的专长，让我们听听它会讲些什么。

15 时空传送真的可能吗

15 时空传送真的可能吗

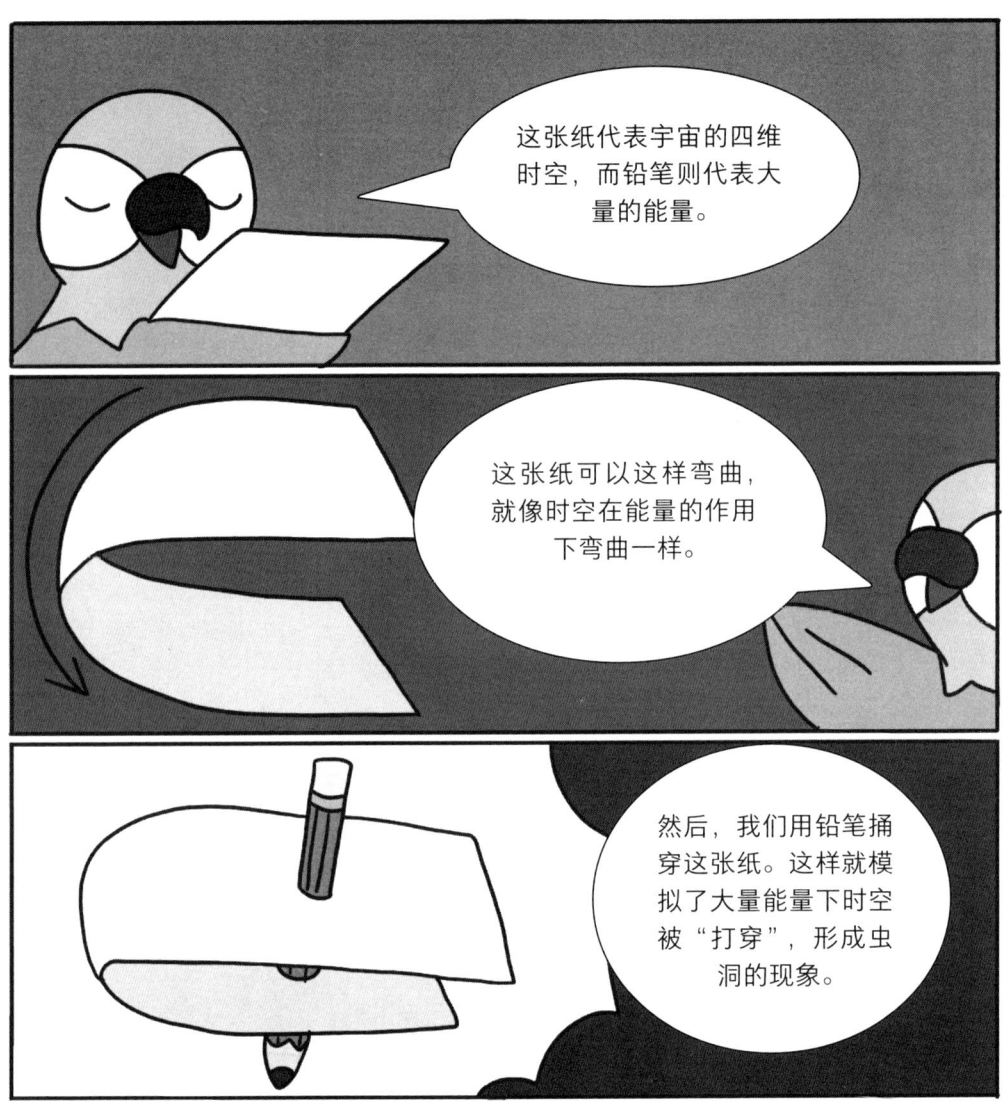

15 时空传送真的可能吗

神秘的虫洞

想象一下分别在 A 地和 B 地的两个人之间有一座山。为了从 A 到达 B，他们必须攀爬整座山才能到达另一边。然而，如果在山中挖掘一条从 A 到 B 隧道，旅行就会变得更容易和更快。虫洞的作用也与此类似。

爱因斯坦-罗森桥

虫洞正式的称呼是爱因斯坦-罗森桥，它是穿越时空的一条捷径。根据爱因斯坦的相对论，我们的宇宙是由四维时空组成的。由于能量差异，时空会被扭曲。在某些地方，可能会有连接从一个点到另一个点的"洞"。想象一下拿一张纸，把它折叠起来，然后用笔在上面戳一个洞。现在纸上有两个相对的洞，但是笔连接着它们。这支笔代表虫洞，而折叠的纸上的两个洞则是宇宙中相距很远的两个点。

虫洞存在吗

虫洞是否存在，我们不知道。研究人员从未在我们的宇宙中发现过虫洞。但物理方程中经常出现虫洞的描述。比如，爱因斯坦的广义相对论就预言了虫洞的存在。所以，我们只知道虫洞在理论上被预测存在，但从未被证实存在于现实世界中。

人类能否建造虫洞

人类能否建造自己的虫洞，让我们能以更快的方式在宇宙中旅行？我们不知道这个问题的答案。有些科学家认为这是不可能的，因为虫洞会自然坍缩，只有在存在反引力的情况下才会保持开放。反引力是一种可以将物体推开的力量。它拥有引力的每一个特性，但它的作用与引力相反。我们不知道反引力是否存在，当然也不知道如何获得它。因此，目前建造人工虫洞只存在于科幻小说里。

虫洞 vs 黑洞

有趣的是，一些科学家推测黑洞本身实际上就是虫洞，但是是一种单向通道，无法返回。他们假设黑洞是通往另一个世界的入口，而另一端是白洞，与黑洞相反，它会喷出所有物质。这个概念确实很有趣，但我们没有任何证据来证明它。目前，我们只有无尽的猜想。

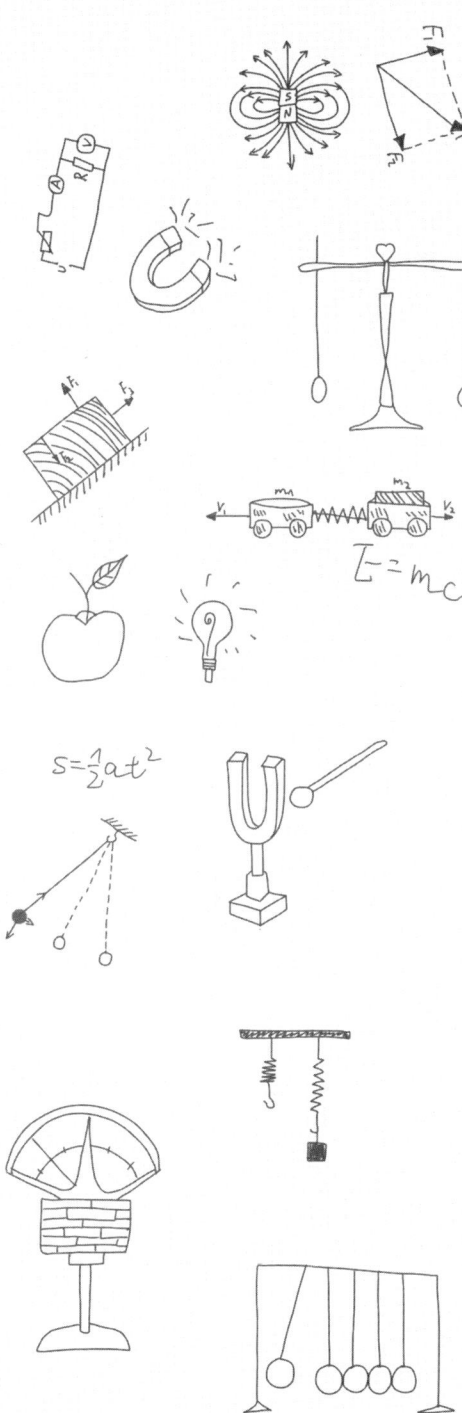

16

宇宙中最短的长度是什么

宇宙是巨大的，许多人相信它是无限大的，没有止境。所以从另一方面讲，宇宙也应该可以是无限小的，对吧？令人困惑的是，事实证明并非如此。宇宙中存在一个最短的尺度——这就是今天两位鸟博士要讨论的内容——著名的普朗克长度。为什么会存在这样一个最短的尺度呢？让我们一起看看他们怎么说！

鸟博士的疯狂物理课

16 宇宙中最短的长度是什么

16 宇宙中最短的长度是什么

16 宇宙中最短的长度是什么

16 宇宙中最短的长度是什么

鸟博士的疯狂物理课

宇宙中最短的长度

普朗克长度

普朗克长度被视为宇宙中最微小的尺度,在探索宇宙的奥秘这一旅程中占据着举足轻重的地位。这个长度大约为 1.6×10^{-35} 米,是由光速、引力常数和普朗克常数等基础物理常数计算而来的。普朗克长度的概念标志着现代物理与经典物理的分界线,其微小程度远远超出我们的日常想象。

在量子领域,普朗克长度的范畴内,传统对空间和时间的理解已经不再适用。普朗克长度是构成普朗克单位系列的基础,这一系列还包括普朗克时间、普朗克质量和普朗克能量等概念。经典物理和量子物理理论都无法解释在这个尺度下的现象,所以我们提出了两个新的理论体系。

弦理论和环量子引力理论

弦理论和环量子引力这两个理论主要研究普朗克尺度上的时空结构。弦理论提出,基本粒子不是点状的,而是在普朗克尺度上振动的微小"弦",这为解决量子引力的问题提供了一种可能的路径。环量子引力则把时空视为在普朗克尺度上编织成的环状网络,这彻底改变了我们对时间和空间的认知。

普朗克长度意味着什么

尽管普朗克长度的微小超出了我们目前实验技术的探测能力,但它在理论上的重要性不容小觑。深入理解普朗克长度，可能是揭示宇宙起源、黑洞之谜的关键，也是我们逐步揭开宇宙根本法则的重要一步。普朗克长度代表着未知世界的边界，是一个解构现实结构并挑战我们感知的神秘领域。它引导我们向着理解更深层次的宇宙前进。

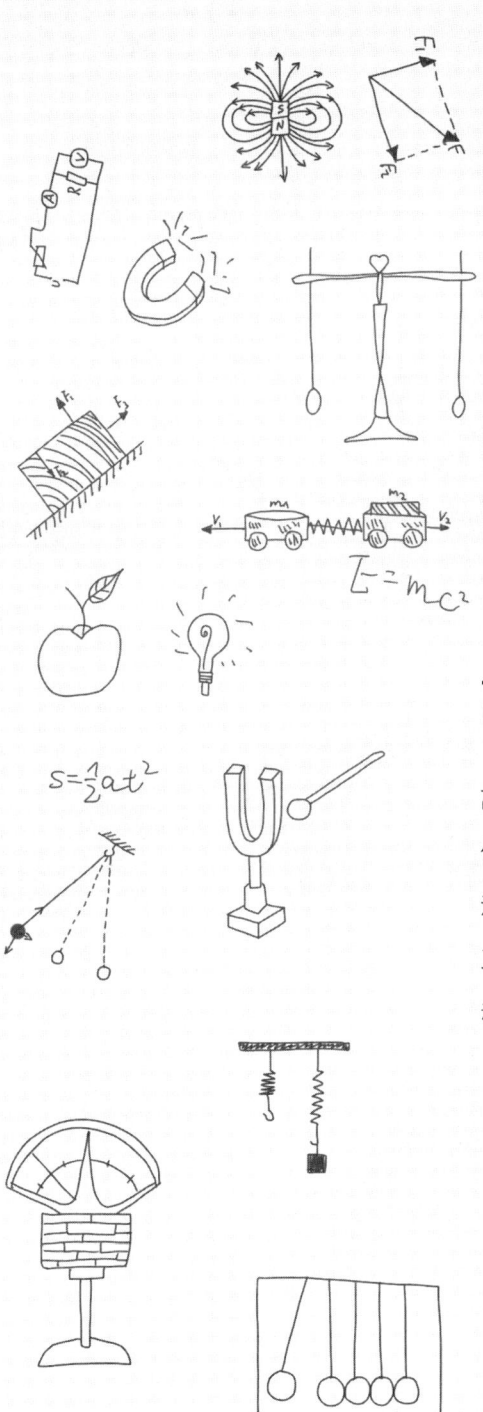

17

离心力真的存在吗

离心力的概念长期以来在物理学中占据着重要的地位。相信每个人都听说过它，甚至可能亲身经历过。然而，与普遍看法相反，离心力并不是一个真正的力！它是惯性和向心力的产物，揭示了圆周运动背后真正的动力学原理。

17 离心力真的存在吗

鸟博士的疯狂物理课

17 离心力真的存在吗

17 离心力真的存在吗

17 离心力真的存在吗

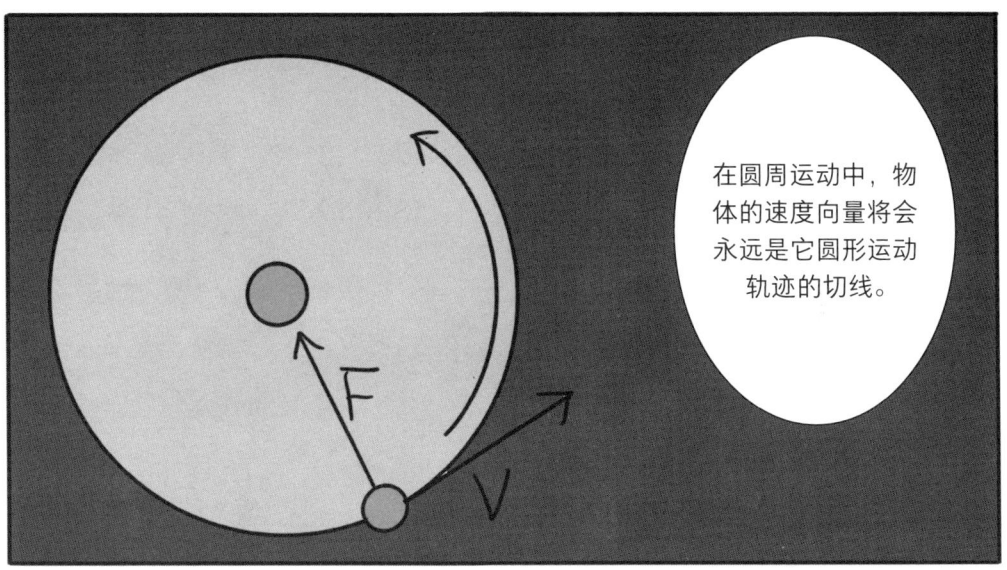

17 离心力真的存在吗

离心力——一个不存在的力

旋转木马

当我们观察物体沿着圆周运动时,离心力的表现变得明显。想象一下坐在旋转木马上的人:随着旋转加速,乘客感觉好像被向外拉扯,似乎有一种把人从中心往外推的力。这种感觉通常被归因于离心力,但实际上是由惯性造成的一种感知幻觉。

圆周运动中的惯性

在圆周运动中,物体的惯性使其抵制其运动状态的改变。当物体沿着曲线运动时,由于惯性,它的自然趋势是继续沿直线运动。向心力是一种真实的力,指向圆心,它不断改变物体的方向来使其保持在曲线轨道上。向心力可以是摆动球的绳索张力,也可以是使行星围绕恒星轨道运动的引力。在圆周运动中,物体的速度和方向不断变化,但向心力使其倾向于保持在圆形轨道上运动。

错觉下产生的力

当乘客进行圆周运动时,由于惯性,他们的身体本能地希望保持切线运动。然而,由旋转木马的座位或平台提供的向心力不断地改变方向,导致乘客向外推压座位。这造成了一种似乎有一股力把乘客向外拉扯的错觉。因此,乘客感觉到的"离心力"实际上是惯性和向心力共同作用下产生的感知现象。

对离心力的误解

实际上，离心力并不是一种独立的力，而是惯性和对向心力的反应所产生的一种感知效应。通过理解向心力的作用并消除对离心力的误解，我们加深了对宇宙运动基本原理的理解。

18

恒星为什么有不同的颜色

你有没有仰望过夜空,看到空中的星星在闪烁?如果天气足够晴朗,你可能会注意到星星有不同的颜色。我们在夜空中能看到的绝大多数都是恒星。这些不同的颜色能告诉我们关于恒星的什么信息呢?红色的恒星会比蓝色的恒星热吗?听听两位鸟博士的讲解吧!

18 恒星为什么有不同的颜色

18 恒星为什么有不同的颜色

18 恒星为什么有不同的颜色

18 恒星为什么有不同的颜色

温度与恒星的颜色

很多人认为红色物体比蓝色更热。当描绘热的物体时,我们会把它们画成红色,也许还有橙色,但绝不会是蓝色或紫色。但在物理学中,这是错误的!

哪种颜色的物体温度更高

要理解这一点,我们需要从我们的日常经验——温度和光——开始。想象加热一根金属棒,随着它变得更热,它会发出红光,然后是橙光,随着温度的增加,它会发出白光,最终变成蓝光。这种颜色变化对于理解星星的颜色至关重要——较热的物体会发出较短波长的光。

我们的眼睛感知到蓝色和紫色,它们的波长比红色或橙色短。因此,较热的物体会发射波长较短的电磁辐射,看起来是蓝色的,而较冷的物体则发射波长较长的光,看起来是红色的。

维恩位移定律与恒星的颜色

维恩位移定律把这个概念转化为一个公式。它表明物体发射的光的峰值波长与其温度成反比。这个峰值波长决定我们看到的物体的颜色。但维恩位移定律如何帮助我们理解恒星呢?恒星是进行核聚变的巨大气体球,并且它们发射出一系列光谱。恒星表面的温度决定了它发射的最强烈的光的颜色,也就是所谓的峰值波长。

例如,太阳表面温度大约是 5700 摄氏度,看起来是黄色的。这是因为它的光的峰值波长落在黄色部分的光谱内。但其他很多星星要热得多。它们的表面温度可能超过 25000 摄氏度，发射较短波长的光，这使它们看起来是蓝色的。当然，也有像参宿四这样较冷的星星，它的表面温度大约是 3000 摄氏度，使它看起来是红色的。

正如费里斯和阿尔伯特所说的，较冷的颜色并不意味着较低的温度。下次当你仰望星空时，请记住，每一颗星星的颜色都讲述了它们背后独特的故事。

19

如何进行时间旅行

你一定听说过科幻小说中的时间旅行。这是一个非常受欢迎的概念。在时间旅行中,你要么向前穿越到未来,要么向后穿越到过去。你可能会想,时间旅行是真实存在的吗?我们真的可以回到过去吗?如果我们这样做会发生什么?这次,芬力将和阿尔伯特、费里斯一起穿越时空!听起来真带劲儿,对吧?

鸟博士的疯狂物理课

19 如何进行时间旅行

19 如何进行时间旅行

鸟博士的疯狂物理课

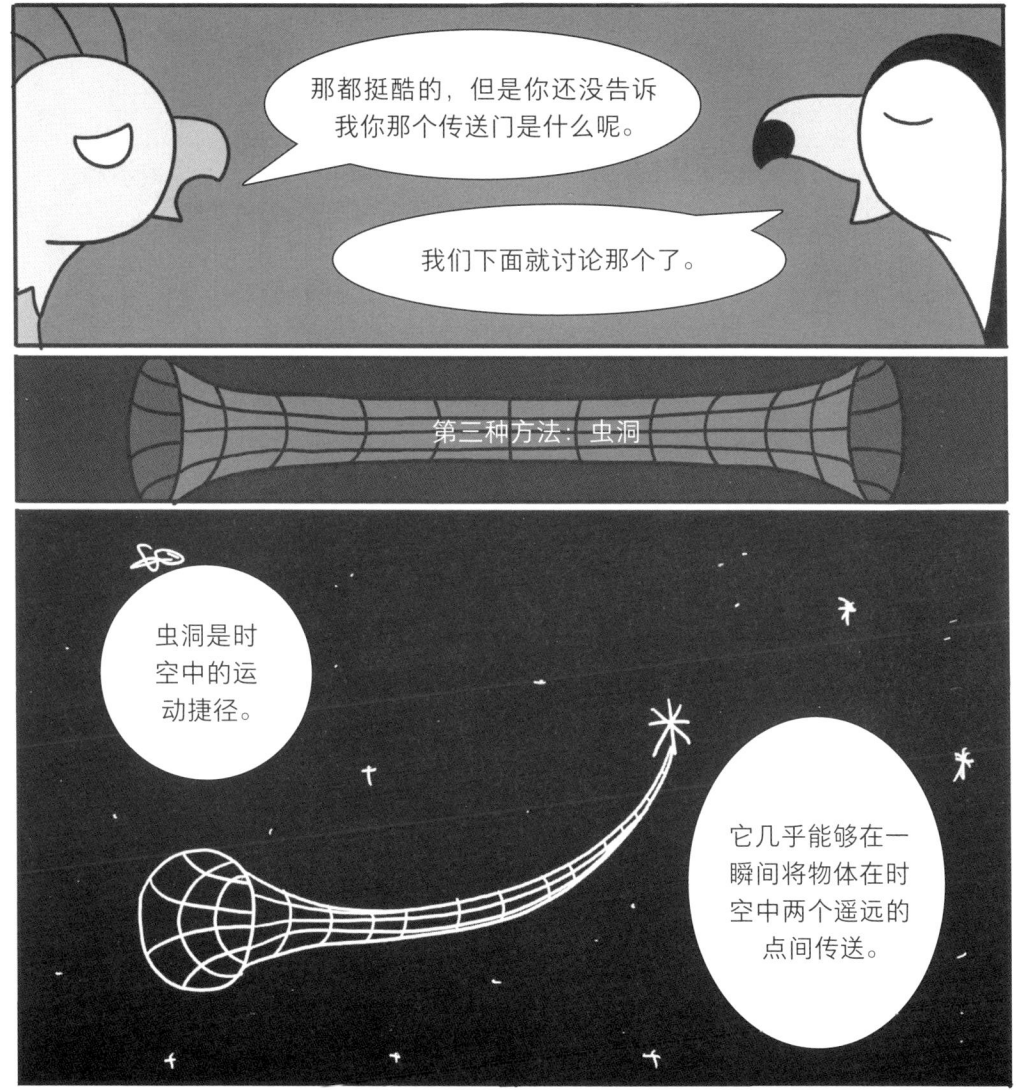

鸟博士的疯狂物理课

19 如何进行时间旅行

时间旅行的三种方式

快速移动

从简单的角度来看，时间旅行是可能的。高速运动有可能是最简单的时间旅行方式。你可能会想，这是怎么回事？根据爱因斯坦的相对论理论，你的速度越接近光速，时间对你来说就会流逝得越慢。如果你在一艘以光速的 90% 运行的宇宙飞船上，你会感觉时间比地球上的时间慢大约 2.29 倍。所以你运动得越快，时间对你来说就会过得越慢。

求助于引力

另一种明显的减慢时间的方法是将自己置于强大的引力场中。这是相对论中的一个重要现象，称为引力时间膨胀。它描述了在强引力场（如大质量物体附近）中时间的流逝会比远离强引力场的地方更慢。在电影《星际穿越》中，宇航员在黑洞附近的米勒星球停留了几个小时，那里的引力场非常强大，他们在那里度过的每一个小时等于地球上的七年时间。

制造虫洞

还有一种很酷的时间旅行方式，或者说潜在的回到过去的方式。那就是建造一个虫洞。虫洞是一个在物理理论上可能存在的时空桥梁，它是连接宇宙中遥远位置和时间的捷径。然而，我们仍然不知道虫洞是否真的存在。在爱因斯坦的相对论理论中，虫洞可能存在，并在理论上被证明是真实存在的。但是，我们不知道它们是否真的存在于现实世界中，因为相对论预测了很多奇怪的事情。即使我们知道它们的存在，我们也不知道如何建造一个虫洞。

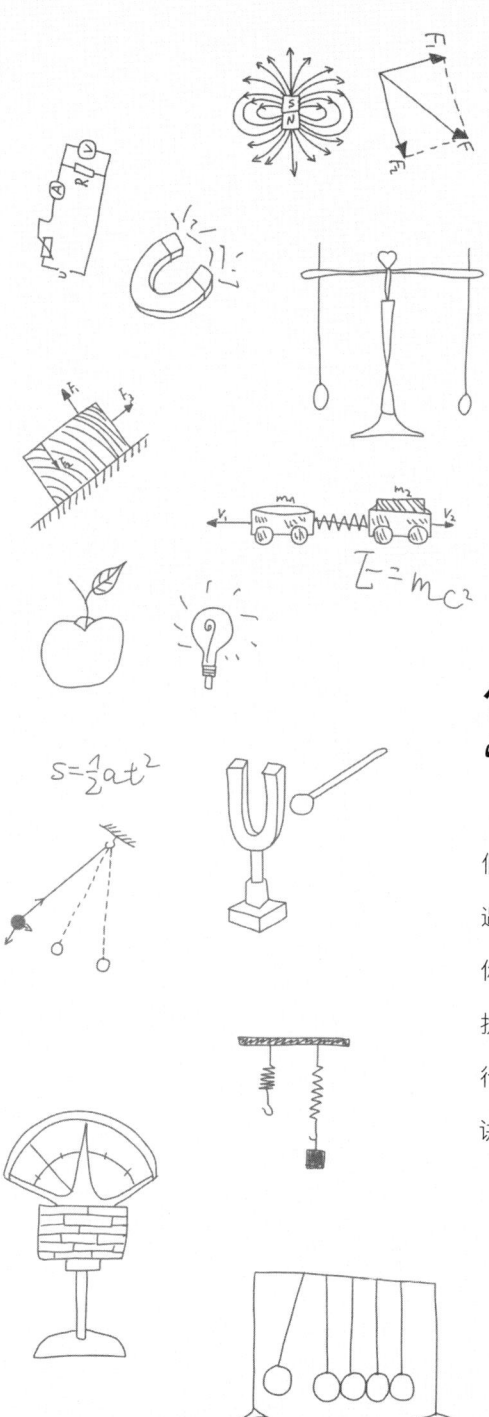

什么是时间旅行的"祖父悖论"

假设你回到过去,出于某种原因,阻止了你的祖父遇见你的祖母,那么你就不可能出生。但是,如果你从未出生,又如何能够回到过去,造成这种干扰?这样的悖论使很多人认为,真正的"时间旅行"不可能实现。在本篇中,阿尔伯特和费里斯会讲讲解决这个悖论的几种可能。

20 什么是时间旅行的"祖父悖论"

20 什么是时间旅行的"祖父悖论"

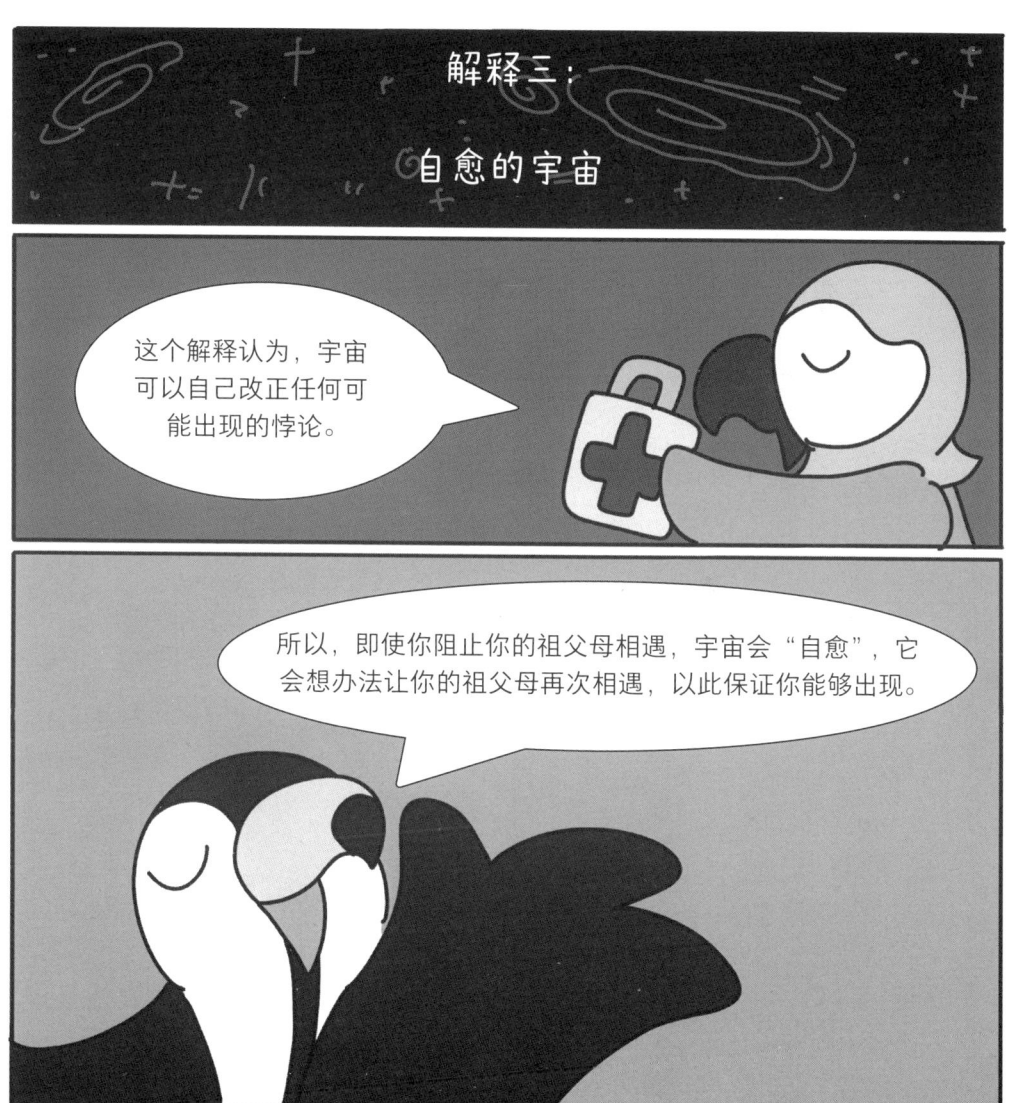

时间旅行的悖论

祖父悖论

假设你回到过去，出于某种原因，阻止了你的祖父遇见你的祖母。如果是这样的话，你就不会出生。但是，如果你从未出生，你如何能够回到过去造成这样的干扰呢？这就是著名的"祖父悖论"，这让许多人认为真正的"时间旅行"是不可能的。

这个悖论凸显了通过时间旅行穿越到过去的一个根本问题：改变过去的行为可能使旅行者自己的存在变得不可能。这是一个撩人心弦的难题，几十年来一直在引起物理学家、哲学家和科幻迷们的辩论。

"无法被改变的过去"

那么，我们如何解决这个悖论呢？有几种可能的解释。第一个是"不变的过去"。这个解释指出，过去是固定的，无法改变。在这种情况下，任何试图改变过去事件的尝试都会以某种方式失败。你会经历一系列不可思议的巧合，阻止你改变任何重要的事情。这意味着你永远无法阻止你的祖父和祖母相遇，从而保持了时间线的逻辑。

"多时间线"

另一个解释是"多时间线"，或者有些人称之为"多重宇宙理论"。在这里，当你回到过去并干扰你祖父的生活时，你创造了一个替代时间线。在这个新的历史版本中，你可能不会存在，但由于你来自不同的时间线，你不会受到影响。你原始的时间线仍然存在，你仍然出生并决定进入时间机器。

"自愈的宇宙"

物理学家提出了另一个解释，即"自愈的宇宙"，这个理论推测宇宙可以自行纠正悖论。如果你试图阻止你的祖父母相遇，宇宙会围绕你的行动"自愈"，确保你存在所必需的每个事件以某种方式发生。就好像宇宙有一个内置的安全机制来防止悖论解构现实。

祖父悖论以及试图解决它的各种理论向我们展示了，时间旅行不仅仅是科学问题——它是一个深刻的难题，挑战我们对现实本身的理解。这一次，芬力应该会对阿尔伯特和费里斯给他解释的内容感到满意，这样他就可以停止做关于往返过去和未来的白日梦了。